L'OCÉAN EST NOTRE AVENIR

MANIFESTE

–

L'OCÉAN EST NOTRE AVENIR

–

FANNY
AGOSTINI

ET SES INVITÉS :

JULIEN BOUCHER - NICOLAS BOUSQUET
PIERRE-YVES COUSTEAU - FRANÇOIS GABART
FRANÇOIS GEMENNE - FRANÇOIS GOURAND
AUDREY HASSON - NICOLAS HULOT - PASCALE JOANNOT
HENRI LANDES - DAVID MARTIN - FANNY REY
SIMON RONDEAU - ALEXIS SYNODINOS

–

Les bénéfices de cet ouvrage seront reversés
à l'association Un océan de vie
www.unoceandevie.com

-

FANNY AGOSTINI

-

« La nature est par définition le complexe vivant dans lequel l'être humain doit enfin trouver sa juste place s'il ne veut pas être éradiqué par ses propres erreurs. »

Pierre Rabhi.

L'OCÉAN EST NOTRE AVENIR

UNE BELLE CLAQUE

« Je vous reconnais, vous êtes la fille de la vague ! » Ces dernières années, cette exclamation me revient régulièrement aux oreilles, que ce soit de la part de mes confrères journalistes ou bien d'inconnus dans la rue. C'est une image qui me colle à la peau. Avec le recul, je réalise que ma relation intime à l'Océan est née ce fameux jour de tempête. Ce qu'il s'est passé en Bretagne par un petit matin d'hiver était sans nul doute le signe avant-coureur d'un changement de cap dans ma vie. Le vent allait tourner, mais, à ce moment-là, je n'ai rien vu venir.

Mars 2014, un événement rare que l'on appelle à tort « la marée du siècle » a eu lieu entre le littoral breton et normand. Les astres, parfaitement alignés, exerçaient une influence maximale sur la surface de nos océans. Le SHOM, le service hydrographique

et océanographique de la marine, prévoyait un coefficient de marée inédit de 119. Des marées de cette ampleur-là, cela n'arrive pas tous les jours, mais plutôt tous les dix-huit ans.
Pour la presse, c'était du pain bénit. Les journaux allaient pouvoir en faire leur gros titre. Cette soi-disant « marée du siècle » allait susciter une attention particulière à un moment où le reste de l'actualité était aussi lisse et calme qu'une mer d'huile.
Me voici donc sur les remparts de Saint-Malo, dans l'air vivifiant du point du jour. L'écume moussait à mesure que l'Océan enflait. Plus d'une centaine de personnes s'amoncelaient malgré un froid perçant pour admirer le spectacle de la nature déchaînée. Le pouvoir d'attraction des éléments est bien réel : il n'y a qu'à faire un tour sur la Toile pour se rendre compte que tempêtes et autres phénomènes naturels sont capables de susciter des millions de vues !
Ce jour-là, de nombreux médias avaient déployé l'artillerie lourde pour assurer le direct et se retrouvaient ridiculement alignés, toutes caméras dehors, pour capter la même image ! C'est dans ce contexte-là que le pire a failli arriver...
Bien décidée à réaliser une belle intervention, face à la caméra mais dos à la mer (erreur qui aurait pu m'être fatale !), je plaçais soigneusement l'oreillette qui me reliait à l'antenne. J'empoignais alors le micro. On y était presque.
« 10 secondes et c'est à toi », me glissa à l'oreille la régie parisienne. Ultimes instants de concentration avant d'expliquer aux téléspectateurs le mécanisme de la marée et pourquoi cette journée allait être particulièrement passionnante. 5, 4, 3, 2, 1... je déglutis, j'inspirai et m'apprêtai à prononcer la première phrase quand soudain... PAF !
Pas le temps d'articuler une seule syllabe que je me suis retrouvée projetée à plusieurs mètres. Fort heureusement, c'est mon bras gauche qui a frappé le sol en premier. Avec le recul, je me dis que ce réflexe m'a très probablement évité un traumatisme

crânien. Instinctivement, mon bras droit, lui, s'était élevé vers le ciel pour protéger le micro de l'eau salé...

Malgré le froid et la douleur, reprendre le direct et me replacer devant la caméra est la seule pensée qui m'a traversé l'esprit à ce moment-là. Contusionnée, trempée par une eau à 8 °C, j'affichai le sourire d'une journaliste qui doit reprendre la main. Ce n'est que plus tard, de retour dans ma chambre d'hôtel malouine, que j'ai pu constater les hématomes violacés un peu partout sur mon corps.

Quelques minutes plus tard, je découvrais l'existence de multiples vidéos faites par tous les détenteurs de téléphone portable présents au moment de ma chute. Ces images allaient faire le tour du monde en un temps record : en quelques heures seulement, elles seraient vues plus de 1 million de fois sur YouTube...

Aujourd'hui je peux l'avouer, je me suis sentie ridicule. Non pas à cause de la présence de la caméra – mon sens de l'autodérision et la conscience d'avoir eu de la chance avaient tout de suite pris le dessus –, mais face à la force de la nature, face à l'Océan et à sa puissance incommensurable.

À l'instant même où cette vague m'a emportée, mon regard sur la mer a changé et mon engagement pour la préserver s'est renforcé. Une vocation somme toute logique au regard de mon parcours de journaliste engagée et de mon éducation au naturel. Très jeune, mon grand-père m'alertait déjà sur la raréfaction des oiseaux et la disparition des truites farios dans les ruisseaux auvergnats. J'ai grandi à l'endroit précis où la Dordogne prend sa source, au pied du Sancy, point culminant du Puy-de-Dôme. J'ai appris à nager et à pêcher la carpe et le goujon dans des lacs d'altitude. Finalement, le Massif central, bien qu'éloigné de la mer, m'a conduit à suivre le fil de l'eau jusqu'à l'Océan comme le font toutes les rivières et fleuves de ce monde. L'eau n'en finit pas de faire le tour de la planète et le trajet parcouru par la moindre goutte est à lui seul une épopée. Pour ma part, je suis passée de l'eau douce à l'eau salée en m'intéressant à la météorologie et à la climatologie. J'ai rapidement compris que notre planète fonctionne harmonieusement justement parce qu'elle est bleue ! L'eau est le fil conducteur de la vie et cette immense étendue liquide garantit l'équilibre climatique de la Terre tout entière. En cheminant dans l'univers des médias, il m'a paru évident que je devais faire de la protection de la nature une priorité absolue. BFMTV m'a offert un terrain d'expression et d'expérimentation à travers la couverture de la COP 21 et 22, ainsi que la présentation de modules pédagogiques sur le climat, l'eau et l'agriculture.

Depuis septembre 2017, présenter l'émission *Thalassa*[1] aux côtés des équipes de la rédaction m'offre l'opportunité et me donne la responsabilité immense de sensibiliser le grand public sur la nécessité de protéger ce bien commun aussi vital que merveilleux qu'est l'Océan.

Car il est bon de rappeler que c'est en son sein qu'est née la vie. Il est là, au plus profond de nos cellules. Les premiers organismes vivants, les cyanobactéries, sont apparus il y a environ 3,8 milliards d'années. Ces premiers êtres unicellulaires sont nos plus vieux ancêtres. Nous faisons partie de l'Océan.

Isabelle Autissier, grande navigatrice française et première femme à avoir accompli le tour du monde à la voile en compétition, l'a clamé avec cœur et justesse : « La mer est notre liquide amniotique. » À ce titre, nous lui devons autant de vénération que de reconnaissance qu'à celle qui nous a portés.

1. Émission historique qui nous raconte la mer depuis plus de quarante-deux ans sur France 3. Elle fut créée par Georges Pernoud et diffusée pour la première fois le 27 septembre 1975.

PRENONS DE LA HAUTEUR : L'OCÉAN VU DE L'ESPACE

L'humain peut être balayé comme une brindille – j'en ai fait la douloureuse expérience à Saint-Malo. Si, individuellement, nous ne sommes pas grand-chose face aux éléments, paradoxalement, l'humanité exerce une influence très importante sur la planète.

Nous avons aujourd'hui les moyens technologiques pour observer cette réalité. Tous les scientifiques vous le diront : il y a un avant et un après l'arrivée du satellite. Depuis les années 1970, les données qu'ils recueillent nous ont permis de prendre un recul aussi inquiétant que salutaire. Auparavant, les informations que nous collections au sol étaient très parcellaires, et certains endroits de la planète s'apparentaient à des déserts de données. Avant l'envoi dans l'espace des satellites géostationnaires[2], nous évoluions à l'aveugle, bien conscients des désagréments locaux que provoquait notre fâcheux penchant productiviste, mais sans possibilité d'évaluer ses conséquences à plus grande échelle. Aujourd'hui, tout est différent : nous pouvons littéralement lire la planète et voir comment l'humain la transforme. Ces précieux outils, je m'en suis servi pendant six ans. Je me souviens de la première fois où j'ai eu accès aux cartes satellites sur mon petit bureau, à BFMTV. Je pouvais contempler à loisir la zone intertropicale de convergence des alizés, que l'on appelle encore « équateur météorologique » et qui se matérialise par une bande de cumulonimbus ceinturant la quasi-totalité de la planète. J'admirais aussi le ballet des dépressions et des anticyclones. Il m'était même possible de percevoir le transport par le vent des grains de sable du Sahara : ces grandes traînées ocres remontent parfois même

2. Ces satellites sont appelés ainsi car ils se déplacent en parfaite synchronisation avec notre planète, si bien qu'ils restent en permanence au-dessus de la même zone.

jusqu'à l'Angleterre avec pour inconvénient de souiller les pare-brise des voitures, mais pour avantage inestimable de minéraliser les sols.
Mais je crois que les images qui m'ont le plus émerveillée sont celles des vents circulaires, tempétueux et incessants, que l'on appelle hurlants, mugissants ou rugissants, et qui tournent autour de l'Antarctique. Chaque jour, sur l'écran de mon ordinateur, j'observais leur flux coloré se déformer autour de ce continent de glace. J'étais littéralement hypnotisée. Je pouvais passer de longues minutes absorbée par ce monde lointain qui en un clic m'apparaissait proche et presque familier. Cela m'a même valu une fois de ne pas voir l'heure passer et de rater le bulletin météo que je devais présenter en direct !

DES CHANGEMENTS FULGURANTS

Grâce aux satellites, il est aussi possible de visualiser précisément le découpage des littoraux, le recul du trait de côte (le point le plus haut que peut atteindre l'eau par temps calme) et de redéfinir ainsi chaque année la cartographie de nos continents en perpétuel mouvement. C'est à travers l'imagerie satellitaire que nous pouvons affirmer avec précision que le niveau des océans s'est élevé de quasiment 20 centimètres en un siècle ! Rappelons que, lorsque le niveau des océans s'élève de 1 mètre, la côte, elle, recule de 100 mètres en moyenne ! Ainsi, l'existence de zones de culture et d'habitation de pays longilignes comme la Thaïlande, de plaines deltaïques comme le Bangladesh et de petites îles plates du Pacifique tels que les Maldives ou le Vanuatu est réellement compromise dans un futur très proche. Aucun pays du monde ayant une façade ouverte sur l'Océan n'est à l'abri des conséquences de la montée des eaux – pas même la première puissance mondiale : pour preuve, le village de Shishmaref, en Alaska, est devenu en 2016 le symbole des premiers réfugiés climatiques ; Miami, en Floride, est aussi l'une des villes qui subissent de plein fouet des submersions répétées.

Quant à la fonte de la cryosphère, c'est-à-dire des surfaces englacées de la planète, elle aussi s'accélère. Nous savons que la banquise arctique perd en moyenne 11 % de sa surface chaque décennie. Il y a vingt ans, elle mesurait encore 3 mètres d'épaisseur contre seulement la moitié aujourd'hui !

Si la banquise et tous les glaciers du monde sont en train de disparaître rapidement, ce n'est pas l'effet du hasard et ce phénomène n'a rien de naturel. Parfois, certains confrères incrédules me lancent : « Tu délires, le climat a toujours évolué au cours de l'histoire, avec ou sans l'homme ! » Certes, mais ce qu'il faut bien avoir à l'esprit, c'est que le rythme de cette évolution est aujourd'hui fulgurant et sans commune mesure avec les grands changements climatiques qu'avait connus la planète jusqu'alors. Tous les 100 000 ans environ, le climat fluctue entre réchauffement et refroidissement, mais ces variations prennent des millénaires. Or, désormais, le climat change cent soixante-dix fois plus rapidement à cause de l'activité humaine[3].

UNE EAU QUI SE RÉCHAUFFE

Depuis les débuts de l'ère industrielle, la composition chimique de l'atmosphère a été modifiée en un temps record. L'utilisation à grande échelle des énergies fossiles a généré plus de CO_2 au cours des cinquante dernières années qu'au cours des millénaires qui ont précédé : la concentration en dioxyde de carbone dans l'atmosphère est passée de 280 parties par million[4]

---

3. Owen Gaffney, Will Steffen, « The Anthropocene equation », *The Anthropocene Review*, 10 février 2017.
4. Parties par million (PPM) : unité de mesure du dioxyde de carbone dans l'atmosphère.

en 1850 à 400 aujourd'hui ! En extrayant des hydrocarbures qui ont mis des millions d'années à se former dans le sol, comme le charbon ou le pétrole, pour les brûler et ainsi les libérer dans l'atmosphère sous forme gazeuse, nous avons perturbé l'équilibre fragile de la Terre et surtout celui de nos océans. Car, contrairement à ce que l'on pourrait penser, cette chaleur excédentaire produite par ce que l'on connaît sous le nom de « gaz à effet de serre » n'est pas stockée dans l'air. Les océans en absorbent 93 % et les emmagasinent dans leurs profondeurs. C'est alors que les ennuis commencent : perturbations des courants marins, du régime des précipitations et donc des inondations et des sécheresses, renforcement des phénomènes météorologiques violents[5] et, potentiellement, des situations de plus en plus dangereuses pour les populations côtières qui se retrouvent en première ligne.

Lever le voile sur les grands bouleversements de notre monde, c'est découvrir le premier arbre qui cache une immense forêt ! Ainsi, ce trop-plein de chaleur va aussi avoir pour effet de modifier l'aire de répartition des espèces marines qui vont devoir se déplacer rapidement pour ne pas mourir. Malheureusement, toutes ne sont pas capables de migrer. C'est le cas des coraux qui sont des animaux extrêmement sensibles aux variations de températures, aussi infimes soient-elles. Or la majeure partie des espèces de poissons vivent dans les zones coralliennes à faible profondeur. On peut intuitivement deviner les dommages en cascade que peut engendrer la disparition des coraux. Évidemment, l'homme est lui aussi concerné,

---

5. Un cyclone, un typhon ou un ouragan (qui sont les mêmes phénomènes, mais dont l'appellation diffère suivant les bassins) vont se former sur une zone tropicale lorsque la température de l'eau atteint un seuil critique de 26 °C sur 50 mètres de profondeur. On parle alors de bouillonnement. L'angle d'incidence du Soleil est en effet plus fort sous les tropiques. C'est ensuite la force de Coriolis qui va propulser et faire tourbillonner ce phénomène cyclonique. Ces monstres météorologiques très violents vont alors rééquilibrer et réguler ce trop-plein de chaleur entre les hautes et les basses latitudes.

car la pêche et le tourisme sont ainsi lourdement impactés. C'est le cas par exemple du Triangle de Corail, à l'ouest de l'océan Pacifique : de mauvaises pratiques de pêche et un tourisme inapproprié menacent aujourd'hui ce paradis qui abrite 75 % des espèces de coraux de la planète. Les conséquences pourraient s'avérer dramatiques pour les 120 millions de personnes qui y vivent et dont la subsistance dépend de ces récifs[6].

DES OCÉANS QUI S'ACIDIFIENT

Les océans absorbent une partie du CO_2 contenu dans l'atmosphère, qui sert à la photosynthèse de la végétation marine. Le reste de ce CO_2 va, en se dissolvant dans l'eau de mer, provoquer une réaction chimique, se transformer en acide carbonique et faire ainsi baisser le pH de l'eau. Les mesures récentes ont prouvé que les océans ont déjà perdu 0,1 unité de pH depuis le début de l'ère industrielle et que cette valeur pourrait encore baisser de 0,3 unité en surface d'ici la fin du XXIe siècle[7].
Cela pose un problème d'envergure pour tous les écosystèmes marins, et en particulier pour les organismes ayant besoin de se fabriquer une coquille, un squelette calcaire, et bien sûr pour les coraux. Si le pH des océans diminue et que l'eau s'acidifie, la calcification devient de plus en plus difficile. Parmi les espèces qui en pâtissent, on trouve notamment une partie du phytoplancton et du zooplancton, des organismes qui sont à la base de la chaîne alimentaire. Et là où ces grandes perturbations chimiques s'annoncent dangereuses, c'est que s'il n'y a pas de plancton, il n'y a pas de poisson.

---

6. Action menée par la fondation WWF pour préserver le Triangle de corail. Vous aussi vous pouvez soutenir ce projet : www.wwf.fr/espaces-prioritaires/triangle-du-corail/.
7. Édouard Bard (dir.), *L'Océan, le climat et nous : un équilibre fragile ?*, Paris, Le Pommier, 2011.

Le plancton a aussi un rôle primordial dans le cycle du carbone car c'est lui qui produit la moitié de l'oxygène terrestre et capte environ 100 millions de tonnes de dioxyde de carbone par jour. Nous devrions pourtant lui offrir un statut de protection égal à celui du rhinocéros blanc ou du tigre du Bengale tant son importance est primordiale pour notre économie et la survie de toutes les espèces, dont la nôtre !

LA VIDANGE DES OCÉANS

Si le développement de l'activité agricole il y a dix mille ans a transformé les sociétés humaines, la pêche reste l'un des fondements de notre civilisation. L'essor des pêcheries a permis de chauffer et d'éclairer des villes entières.

Dans l'une des lectures qui m'ont le plus touchée, celle du livre de Philippe Cury et Yves Miserez, *Une mer sans poissons*[8], ses auteurs relatent en effet l'histoire étonnante de la chasse à la baleine et les enjeux économiques qui lui sont liés. Avant la fabrication du kérosène, des grandes villes comme Paris étaient alors éclairées à l'huile de cétacés ! Entre la Première et la Seconde Guerre mondiale, plusieurs pays ont fait de la chasse aux grands mammifères marins une industrie prioritaire. La Norvège, la Grande-Bretagne, le Japon, les États-Unis et l'Argentine ont doublé les prises grâce à l'amélioration technologique des flottes, passant de 23 000 à 54 000 captures en une décennie[9]. Il aura fallu attendre une quasi-extinction pour mettre un frein à ce massacre : en 1946, alors que les baleines, toutes espèces confondues, sont en voie de disparition, la Commission baleinière internationale (CBI) est enfin créée à Washington afin de

8. Calmann-Lévy, 2018.
9. *Ibid.*

réglementer cette activité et de définir des sites à protéger pour que celles-ci puissent trouver refuge. Ce n'est qu'en 1982 qu'un moratoire international interdisant leur exploitation commerciale est signé pour protéger tous les grands cétacés. Seuls certains pays contournent aujourd'hui encore cet accord. Le Japon et la Corée du Sud, dans le cadre de permis spéciaux à des fins scientifiques et aujourd'hui peu crédibles, mais aussi la Norvège, l'Islande et quelques populations côtières telles que les Inuits pêchent la baleine, exclusivement au large de leurs côtes[10].

La montée en puissance de l'expertise savante du milieu du XIXe siècle a permis à la pêche de s'industrialiser et aux États de mettre en place des outils de régulation. Les premières recherches statistiques nous ont donné l'opportunité de rationaliser les prises avec la mise en place, après la Seconde Guerre mondiale, du concept de *maximum sustainable yield* (MYS), ou « rendement maximum durable » (aussi appelé TAC, ou total autorisé de capture) qui est encore à ce jour l'indicateur universel utilisé pour la gestion de la pêche. Les scientifiques ont déterminé des seuils de prise à ne pas dépasser pour garantir la pérennité des stocks. Mais ce qui est pernicieux, c'est que, quand bien même nous déciderions de protéger une espèce, il est illusoire de croire que celle-ci ne subira plus les effets de l'industrie. Les filets ne sont pas toujours très sélectifs. Avec les méthodes actuelles (palangre, chalutage), la pêche est rarement monospécifique et les prises accessoires – c'est-à-dire toutes les espèces non ciblées mais prises malencontreusement dans les filets ou sur les hameçons et qui sont rejetées à la mer tels des déchets – sont monnaie courante[11].

---

10. Aujourd'hui, la tendance s'est inversée. Le Whale Watching, qui consiste à observer les baleines dans leur milieu naturel, attire de nombreux touristes, ce qui leur confère désormais plus de valeur économique vivantes que mortes.
11. Notons toutefois que le rejet est dorénavant interdit dans les eaux européennes.

Le constat est le suivant : après plusieurs siècles de pêche de plus en plus industrialisée, les espaces marins sont de moins en moins vivants. Les navires rayonnent sur un espace de 200 millions de kilomètres carrés – une zone quatre fois plus vaste que celle utilisée pour l'agriculture mondiale[12] !
En 2016, la FAO indiquait que 31,4 % des stocks des produits de la mer étaient exploités à un niveau non biologiquement renouvelable, 58,1 % exploités au maximum et 10,5 % sous-exploités[13].
Les zones dites mortes ou hypoxiques, c'est-à-dire qui manquent d'oxygène et par conséquent d'espèces, sont de plus en plus nombreuses. Selon le groupe de travail international Global Oxygen Network, la proportion de zones mortes a été multipliée par quatre au cours des cinquante dernières années. Dans la baie du Bengale, la mer Baltique, le golfe de Mexico, le long des côtes namibiennes et même en pleine mer, les eaux sont devenues anormalement calmes. Il s'agit d'un espace de 245 000 km^2 où il n'y a plus d'oxygène et donc plus de vie.
Une mer sans poissons n'est plus tout à fait de la science-fiction... On peut en tout cas d'ores et déjà constater des eaux extrêmement appauvries. Nous sommes en train de flirter avec les seuils d'irréversibilité. Seule une prise de conscience et un changement de paradigme pourront inverser cette tendance qui nous mène vers le vide absolu. Cette immensité vitale, qui recouvre les deux tiers de notre planète, ne peut plus aujourd'hui supporter l'existence de zones de non-droit où les pires agissements restent impunis[14]. Entre surchauffe, acidification, pollution et surpêche, nous sommes en train de commettre l'irrémédiable. Aveuglés par le déploiement d'une

12. *Science*, 23 février 2018.
13. FAO 2016, Organisation des Nations unies pour l'alimentation et l'agriculture.
14. Par zones de non-droit, j'entends cet espace immense que l'on appelle la haute mer ou encore les eaux internationales et qui représentent plus de la moitié de la surface des océans. Elles ne sont régies par aucune législation.

technologie toujours plus efficace, préoccupé par la nécessité de nourrir les populations et dans le même temps tenté par l'appât du gain immédiat, nous avons cru que la mer était un puits sans fond.
L'Océan, victime de son immensité, nécessite aujourd'hui la mise sous protection d'aires marines au-delà de la zone de juridiction nationale[15] afin que les espèces puissent y trouver refuge. En France, 22 % des eaux sont classées en aires marines protégées, (ce qui est un bon pourcentage comparativement à d'autres pays !), c'est-à-dire que les activités humaines y sont régulées ou inexistantes. Mais dans le monde, *seuls 4 % des zones maritimes* bénéficient d'une législation protectrice !
Notre pays se doit d'endosser une grande responsabilité car il possède le deuxième espace maritime le plus vaste au monde avec 11 millions de kilomètres carrés, dont 97 % outre-mer. La France est ultramarine ! Elle comptabilise 18 500 kilomètres de côtes, dont 5 850 en métropole. Notre pays se doit de faire preuve d'exemplarité et a même tout intérêt à considérer ses fabuleux atouts en misant sur l'exploitation durable des richesses de la mer. L'État a la capacité d'agir, mais nous aussi !

7 MILLIARDS D'ÊTRES HUMAINS, 7 MILLIARDS DE SOLUTIONS !

Avez-vous déjà entendu parler du grondin gris, de la cardine, du lingue bleu, de la mostelle ou du mulet doré ? Ce sont de savoureux poissons que nous délaissons en exerçant parallèlement une pression sur une poignée d'espèces tels que le bar, le colin, la sole ou le cabillaud qui ne représentent qu'une infime partie de ce qui est bon à manger. Telles sont nos habitudes

15. Cette « zone économique exclusive » s'étend sur 200 milles marins, soit 380 kilomètres autour des côtes d'un pays. Au-delà, il s'agit des eaux internationales.

alimentaires... mais ce sont elles, justement, qui, si nous les changeons, peuvent tout faire changer ! Cela suppose de s'interroger un peu plus sur la provenance de ce que nous avons dans nos assiettes, de s'intéresser aux méthodes de pêche employées et d'avoir les papilles curieuses !

Des poissonniers, mareyeurs et pêcheurs jusqu'aux consommateurs en passant par les restaurateurs : notre force de frappe est immense. Pour mieux choisir son poisson et donner aux espèces les plus fragilisées toutes les chances de se reproduire, il existe des outils très accessibles : sur les étals, vous pouvez facilement repérer les étiquettes des labels tels que MSC (Marine Stewardship Council) ou du conseil de recommandation Mister Good Fish, qui sont de bons garants d'une pêche durable et qui nous invitent à mélanger les espèces que nous pouvons consommer.

Si chaque habitant de notre pays choisissait de consommer une espèce conseillée par Mister Good Fish ne serait-ce qu'une fois par an seulement, 18 000 tonnes d'espèces menacées seraient épargnées[16] ! Ne sous-estimons pas la portée de notre fourchette ! Nous tous avons le pouvoir de décider de la bonne santé des écosystèmes marins et de la soutenabilité de la pêche. Vous reprendrez bien un peu de grondin ?

Lutter contre la pollution par les produits chimiques et emballages plastiques

La campagne lancée en Corse[17] le 1er août 2003, « Halte aux sacs plastique », qui visaient à interdire les sacs plastique à usage

16. Pour un repas, on compte environ 150 grammes de chair de poisson, soit 300 grammes de poisson frais (avec arêtes, tête, etc.). Si l'on multiplie ce chiffre par le nombre de consommateurs de poisson en france, soit environ 60 millions, on obtient une économie de 20 000 tonnes.

17. Serge Orru, ex-directeur du WWF et conseiller à la Mairie de Paris, fut à l'initiative de cette campagne déterminante lors du Festival du vent à Calvi.

unique dans la grande distribution[18] a porté ses fruits puisqu'elle a débouché sur une loi dès 2006. Mais nous ne nous sommes attaqués qu'à un symbole en menant cette bataille. L'ère du tout-pétrole prendra fin lorsque nous aurons supprimé le plastique qui englue notre quotidien et finit pour la plupart dans les océans. Il est impératif de mener une guerre sans merci à toute cette matière imputrescible, à dégradation lente et au taux de recyclage incertain ! Ainsi, coton-tiges, lingettes, pailles, stylos-billes non rechargeables, dosettes de café, bouteilles d'eau (qui par ailleurs comportent souvent des composés chimiques néfastes pour la santé comme le PET, qui sont des perturbateurs endocriniens) sont à bannir au plus vite. Un exemple parmi des centaines : chaque année, des milliards de brosses à dents sont vendues dans le monde. À raison d'une brosse à dents par personne renouvelée tous les 3 à 4 mois, les quantités de plastique et de nylon jamais recyclées s'accumulent et finissent soit brûlées, soit dispersées dans la nature et bien souvent dans les océans. Certains fabricants proposent aujourd'hui des brosses à dents biodégradables en bambou ou en amidon de maïs compostable[19]. Se laver les dents sans remords, c'est bien mieux et pas forcément plus cher[20] !

Les nombreuses innovations technologiques et sociales nous permettent de rentrer peu à peu dans une logique d'économie circulaire : achats de produits en vrac, location de produits plutôt qu'achat, troc, remplacement du plastique par des substances à base d'algues ou de cire d'abeille[21], écoconception des produits,

---

18. Un bémol tout de même, les plasturgistes ont bien trop souvent la fâcheuse manie de contourner la loi car les sacs à usage unique sont seulement définis par une limite d'épaisseur (en deçà de 50 microns) voilà pourquoi nous voyons arriver dans la nature des sacs très épais et encore moins biodégradables que les précédents !
19. *Brut Nature*, 19 août 2018.
20. En moyenne, 3,90 euros la brosse à dents recyclable contre 3,80 euros pour certaines brosses à dents en plastique.
21. La société Abeillon, installée à Toulouse, fabrique des tissus enduits de cire d'abeille pour remplacer le papier aluminium et le film alimentaire.

systèmes de recyclage perfectionnés, etc. Et nous n'en sommes qu'au début !
Il revient à chacun d'entre nous d'inventer un nouvel art de vivre et de consommer. Il incombe aussi aux industriels de trouver de nouvelles méthodes de production qui permettent une réutilisation à l'infini des matériaux. Comme le dit Isabelle Delannoy, auteur de *L'Économie symbiotique*[22], nous devons passer d'une économie de gaspillage à une économie de fonctionnalité. Rien ne se jette, tout se transforme[23] ! Ainsi, nos nouvelles mines sont aujourd'hui les ressources déjà extraites. Et que nous devons sans cesse réemployer.

La biotechnologie de la mer

Il est fantastique de penser qu'il reste encore énormément de choses à découvrir ! Car, paradoxalement, nous connaissons mieux la Lune que les abysses : seuls 2 % du plancher océanique sont à ce jour connus et cartographiés. Chaque expédition rapporte avec elle son lot de découvertes scientifiques. À ce titre, les océans doivent être perçus comme un enjeu stratégique de demain car ils sont en mesure de nous fournir des solutions étonnantes pour l'avenir.
Et c'est d'ailleurs déjà le cas. Prenons la médecine : vous connaissez tous les patelles, ces coquillages que l'on appelle aussi « chapeau chinois » ? Vous avez sûrement remarqué à quel point ils sont indéboulonnables et s'accrochent fermement aux rochers contre vents et marées. Eh bien vous ne les regarderez plus de la même manière en apprenant que ces petits

---

22. Actes Sud, 2017.
23. Dans *Introduction à l'histoire environnementale* (La Découverte, 2014), Grégory Quénet raconte que les gains de productivité liés à la révolution industrielle rendent la récupération économiquement moins profitable que la fabrication. Mais ça, c'était avant ! Ce temps est révolu car nous sommes aujourd'hui confrontés à la finitude de nos ressources. Ainsi, nous devons absolument user d'inventivité pour réutiliser ce que nous avons déjà sous la main !

mollusques ont permis aux scientifiques de mettre au point des colles chirurgicales extrêmement efficaces.
Quant aux traitements contre le cancer, bon nombre de leurs composants sont également issus de la mer ! La génétique marine est l'un des secteurs où l'on brevette le plus aujourd'hui[24].
Autre source d'inspiration extraordinaire, la bioluminescence, qui permettra très bientôt de remplacer des produits pétrochimiques par des produits biologiques ! Dans les profondeurs océaniques, 90 % des organismes marins sont dotés de ce pouvoir extraordinaire. Pour se protéger des prédateurs, intimider ou attirer des partenaires, la vie marine utilise des protéines qui, par effet d'oxydation, génèrent une lumière bleutée. La technologie nous permet aujourd'hui de comprendre et de mimer cette faculté ! Nos villes seront bientôt éclairées sans consommer d'électricité ! Et adieu la pollution lumineuse[25] ! La mer qui nous éclaire, tout un symbole…
Pour rêver et aller encore plus loin, voici une autre idée lumineuse « made in océan » qui permettra sans doute d'inverser la courbe des émissions de CO_2 et de fêter l'avènement de l'après-pétrole : imaginons que la culture du phytoplancton soit une des réponses au dérèglement climatique et à la pollution atmosphérique. En effet, on sait que le phytoplancton est incroyablement efficace pour stoker du CO_2 et a l'avantage non négligeable lorsqu'il brûle de ne pas rejeter de gaz carbonique dans l'atmosphère, contrairement aux hydrocarbures. La recherche a déjà permis, il y a presque dix ans, de mettre au point la première voiture hybride fonctionnant aux algues[26]. Demain, on peut imaginer rouler non plus au sans-plomb mais plutôt au plancton ! Les expérimentations en cours s'annoncent prometteuses même si

24. *We Demain*, 13 mars 2014, « Blue Society : l'avenir est dans la mer ».
25. C'est ce sur quoi travaille l'entreprise Glowee : la lumière biologique pourrait devenir une alternative à la lumière électrique !
26. Algaeus, présentée à San Francisco, est une voiture nouvelle génération capable de parcourir 60 kilomètres avec du carburant à base d'algues.

quelques verrous technologiques sont encore à lever. Philippe Vallette, directeur de Nausicaa, le Centre national de la mer situé à Boulogne-sur-Mer, et vice-président du Réseau Océan mondial, commence à croire à ce qui nous apparaissait jusqu'alors une utopie : la fin prochaine de l'utilisation du pétrole. « Ce champ d'investigation est très important, il faudra combiner plusieurs éléments, mais celui qui réussira deviendra sans doute plus riche que Bill Gates, car il aura sauvé la planète. À l'heure actuelle, je suis bien conscient qu'il n'existe pas de modèle économique pour cela. Mais Edison et Watt n'en avaient pas non plus quand ils ont commencé à travailler sur l'électricité[27]. »

En d'autres termes, laissons l'Océan éclairer notre inventivité et misons à fond sur la recherche !

Le rôle de l'éducation et des médias

L'éducation de nos enfants joue un rôle fondamental. Sensibiliser les nouvelles générations à la protection de l'environnement est un maillon essentiel pour tisser une nouvelle société vivant en symbiose avec la nature. Les enfants et les jeunes adultes doivent impérativement bénéficier d'une information suffisante pour mesurer l'impact de la dégradation des océans et considérer l'importance majeure des enjeux de préservation, qu'ils soient Malouins, Marseillais, petits Vichyssois ou Parisiens.

Chaque enfant devrait l'apprendre dès l'école primaire : tout est lié, la terre et la mer, l'océan et l'atmosphère. Pour cela un outil formidable est apparu en septembre 2016. Ce sont les aires marines éducatives ou AME[28], un label porté par

---

27. *We Demain*, « Blue Society : l'avenir est dans la mer », interview de Philippe Valette, 13 mars 2014,

28. www.aires-marines.fr/Actualites/51-nouvelles-ecoles-labellisees-Aire-marine-educative/. À noter que le concept d'« aire marine éducative » est né en 2012, aux Marquises, de l'imagination des enfants de l'école primaire de Vaitahu (île de Tahuata), avec l'appui de la fédération Motu Haka, de l'ex-Agence des aires marines protégées et le soutien du gouvernement polynésien et de la communauté

l'Agence française pour la biodiversité, en collaboration avec les ministères des Outre-mer, de l'Éducation nationale et de la Transition écologique et solidaire. L'innovation pédagogique est de permettre aux jeunes élèves de toucher, sentir et de prendre soin. Les salles de classe se transforment ainsi en cours grandeur nature, justement en pleine nature ! Le triptyque « apprendre », « vivre » et « transmettre » fonctionne à merveille auprès des jeunes mais aussi des parents d'élèves qui retiennent mieux la leçon lorsqu'ils se retrouvent au cœur de l'action, entourés d'acteurs de terrain et en collaboration avec des équipes scientifiques. L'objectif est aussi de responsabiliser la jeunesse et de l'impliquer dans la gestion du patrimoine. Pour ce faire, des Conseils de la mer pour enfants sont organisés lors desquels différents acteurs sont réunis pour imaginer des solutions. Des sorties pédagogiques régulières au cours desquelles les enfants mettent la main à la pâte (recensement d'espèces, nettoyage du littoral, etc.) rythment la vie scolaire. Les aires marines éducatives connaissent un engouement exponentiel. Au nombre de huit au départ, ce sont aujourd'hui 51 écoles et collèges français qui ont reçu ce label. D'ici 2020, une centaine d'écoles situées en bordure littorale deviendront des AME ! Une déclinaison est aussi prévue dans les terres.

Enfin, les médias constituent un levier d'action phénoménal et un outil de sensibilisation très puissant. Des programmes pédagogiques et utiles pour la compréhension de notre monde devraient occuper plus de temps d'antenne. Les journaux télévisés ne peuvent plus traiter la dégradation de l'environnement comme une question subsidiaire et la répudier entre le sport et la publicité, une fois que l'on a fini de parler du reste ! La perte de la biodiversité est une problématique transverse et connectée à toutes nos activités économiques, mais aussi

de communes des îles Marquises (CODIM). Cette initiative est ensuite devenue nationale sous l'impulsion de Ségolène Royal et du président de la Polynésie française, Édouard Fritch.

aux questions géopolitiques, à la santé et au maintien d'une planète viable pour l'humanité. Bref, elle est essentielle et doit être considérée comme telle par ceux qui ont la possibilité de faire entendre leur voix.

Au fil de mon parcours journalistique, mes réflexions sur notre place dans la biosphère et sur notre capacité de résilience ont été nourries et enrichies par de surprenantes rencontres.
J'ai eu l'opportunité de m'entretenir avec des spécialistes de tous horizons. Ce qui m'a frappé, c'est que, malgré la variété de leurs parcours et la multiplicité de leurs compétences, tous ont en commun une grande inquiétude quant à l'état du monde marin. Inquiets, oui, mais pas seulement ! Leurs récits nous prouvent aussi qu'il y a de plus en plus de raison d'avoir de l'espoir ! Il convenait de les réunir pour apporter un éclairage nouveau et accélérer le passage à l'action.
Ce manifeste est l'union inédite et nécessaire de tous leurs univers. Je crois à l'alliance des talents et à la synergie des forces pour faire bouger les lignes et offrir à notre espèce l'opportunité d'envisager de meilleurs choix pour l'avenir.
Qu'ils soient océanographe et poète, cheffe cuisinière engagée, industriel et écolo, mathématicien de la mer, présentateur TV devenu ministre, directeur d'ONG, grand navigateur, vulgarisateur passionné, météorologue et aventurier, spécialiste des flux migratoires ou bien plongeur et amoureux des requins, leurs voix s'élèvent et nous invitent tous, qui que nous soyons, à chérir l'Océan.

-

LES INVITÉS

-

-

NICOLAS HULOT

-

MINISTRE DE LA TRANSITION ÉCOLOGIQUE ET SOLIDAIRE DE MAI 2017 À SEPTEMBRE 2018 ET ANCIEN PRÉSENTATEUR DE L'ÉMISSION TÉLÉVISÉE *USHUAIA*

-

« Il aura marqué et inspiré plusieurs générations grâce à l'émerveillement qu'a suscité son émission *Ushuaia* et par l'engagement d'une vie entière consacrée à la défense de la nature. Je remercie celui qui a récemment dénoncé les défaillances de notre système politique par sa démission, qui je l'espère provoquera bien plus qu'un sursaut d'indignation. Sa contribution à ce manifeste pose les mots justes sur la situation à risque dans laquelle nous avons précipité les océans. L'équilibre de la planète tout entière vacille, mais c'est avant tout l'humanité qui compromet sa propre pérennité. Vous trouverez dans ces pages le questionnement d'un homme engagé, entre doutes et espérances. » F. A.

LA MER, MIROIR DE L'HOMME

Que deviendra l'Océan, patrimoine commun de l'humanité, dans dix ou vingt ans si nous n'apprenons pas à partager et à respecter cet espace de vie ? Nous, décideurs politiques, citoyens, acteurs de la société civile, scientifiques, entrepreneurs, ONG, sommes tous des marins d'origine, embarqués sur la planète mer depuis des millénaires, et pour encore une longue navigation. L'émerveillement ne suffit plus, même s'il est plus que nécessaire. L'Océan, qui reste encore souvent bien plus méconnu que l'espace, est la dernière frontière qui résiste à la soif de conquête de l'humanité. Gardons bien à l'esprit, au moment où l'appétit des humains pour les ressources est plus grand que jamais, que l'Océan, à l'origine même de la vie, porte en lui notre passé et conditionne notre avenir.

L'Océan me nourrit au sens propre comme au sens figuré. Dostoïevski disait que « seule la beauté sauvera le monde ». C'est une réserve inépuisable de beauté, tant dans ses formes que dans ses couleurs et ses coopérations. Il est vrai que dans les archives de mes expériences et de mes souvenirs, c'est dans

les océans que j'ai vécu les plus beaux moments de plénitude. C'est là que je me reconstruis, que je me réfugie.
J'ai côtoyé l'Océan autant en surface que dans ses profondeurs. Il m'est source d'apaisement, et ce qui l'abrite m'a procuré parmi les plus belles émotions de ma vie. J'ai eu la chance de pouvoir apprendre dans l'œil d'une baleine ou dans les facéties d'un dauphin que nous faisons partie d'un tout, que l'homme n'est pas au sommet d'une pyramide mais fait intimement partie du tissu vivant de la planète.
Cet Océan, qui m'a apporté tant d'émotions, est celui qui a permis l'avènement de la vie, il est notre matrice originelle. Nous portons dans notre ADN une origine aquatique.
Le rôle que les océans ont joué dans l'histoire est sans commune mesure. « La mer joint les régions qu'elle sépare », écrivait le poète Alexander Pope. Ce sont bien les océans qui ont relié les hommes, ce sont eux qui ont permis le métissage des hommes et des cultures. Ils sont à l'origine de cette grande diversité humaine et naturelle. Si les océans ont, pour beaucoup de marins et d'aventuriers, été de lourdes épreuves, ils ont permis aux hommes de se découvrir. Cela s'est fait parfois pour le meilleur, et parfois pour le pire. Quoi qu'il en soit, dans l'histoire de l'humanité, les océans ont joué, jouent et joueront toujours un rôle prépondérant.
Nos écosystèmes marins sont également de formidables pourvoyeurs de ressources. Aujourd'hui, pour plus de 1 milliard de personnes, la source de protéines animales principale, le poisson, vient des océans. Chacun sait aussi qu'ils sont les gardiens des équilibres, notamment climatiques. Par ses échanges permanents avec l'atmosphère, l'Océan joue un rôle déterminant pour le climat mondial. Quand la planète se réchauffe, les océans stockent la majeure partie de l'énergie reçue, au point qu'il le restitue parfois avec force et violence, de manière tragique, par des cyclones de plus en plus puissants. Quand l'homme émet du dioxyde de carbone, les océans participent pour près

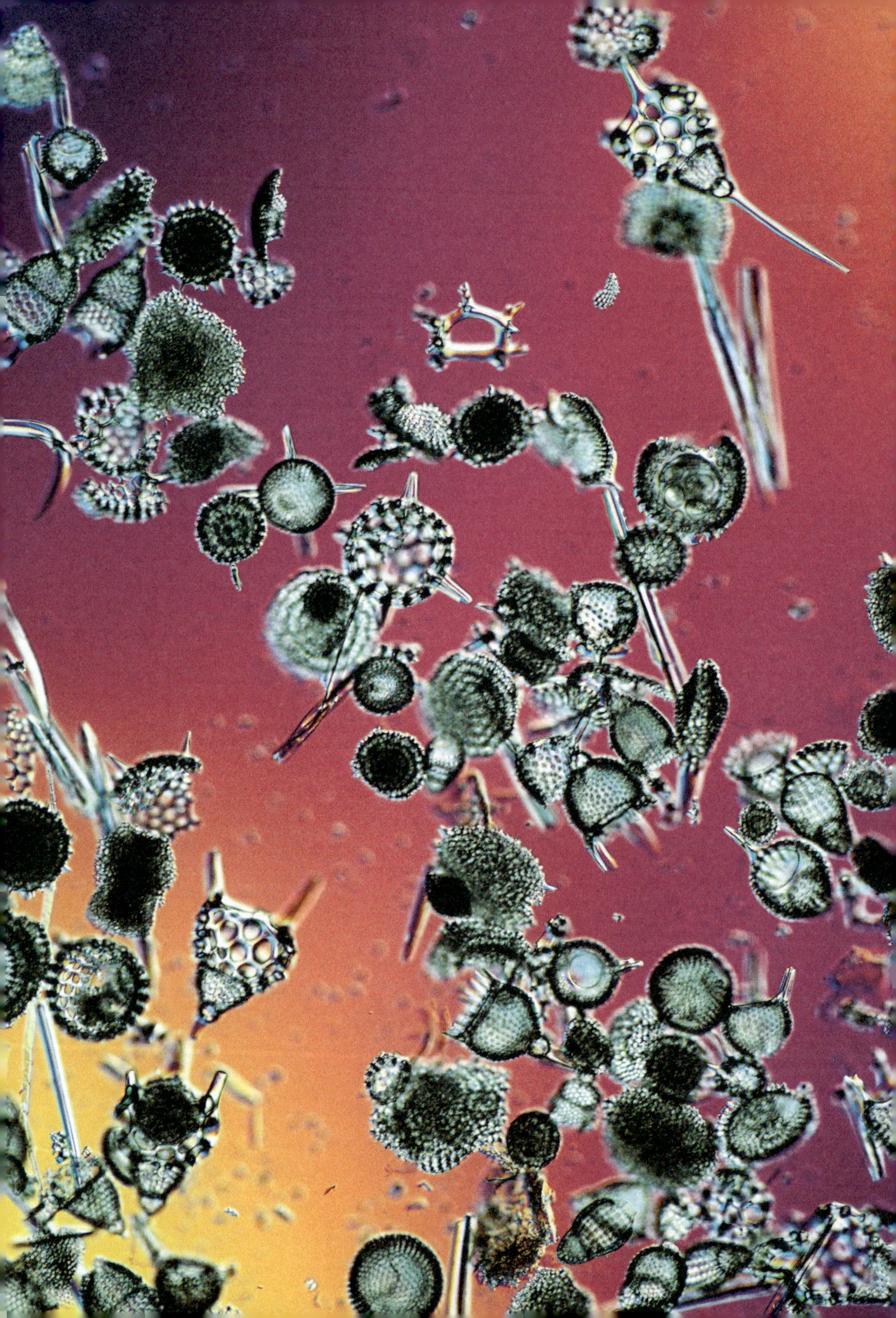

d'un tiers à son absorption. Or l'empreinte de l'homme sur nos écosystèmes marins s'accroît de manière exponentielle.
La situation dans laquelle nous sommes embarqués est délicate. À mesure que nous épuisons les ressources terrestres, nous nous tournons progressivement vers la mer. Nous y découvrons des richesses, des gisements énergétiques et alimentaires colossaux. Elle devient dans l'esprit de quelques-uns un nouvel eldorado. Nous devons faire très attention à ce que cette convoitise ne se déplace pas d'un élément à l'autre, et que nous ne fassions pas subir à l'Océan ce qu'on a fait subir aux écosystèmes terrestres. Nous devons sceller avec les océans un pacte pour qu'ils soient protégés et restaurés.

Plusieurs causes sont à l'origine de notre empreinte sur les milieux marins. Les pollutions diverses et variées sont préjudiciables aux océans et débouchent principalement sur les côtes, dans les zones littorales qui sont les plus riches en biodiversité. La vie est en train de mourir là où elle est née.
La biomasse des océans est en perpétuelle réduction et la science l'atteste régulièrement. Le WWF a enregistré une régression de la biodiversité marine de 49 % entre 1970 et 2012. C'est considérable, et c'est sans compter les très nombreuses espèces qui disparaissent sans même qu'on le sache, car l'inventaire des fonds marins est loin d'être terminé. Des temps d'*Ushuaia*, quand je plongeais avec Laurent Ballesta, scientifique et biologiste, ce dernier découvrait à chaque plongée une espèce qui n'avait pas été identifiée. Nous ne saurons ainsi jamais l'ampleur du préjudice que nous avons fait subir aux écosystèmes marins à travers la pollution nombreuse et variée.
Je pense notamment aux catastrophes les plus célèbres et marquantes comme celle de l'*Amoco Cadiz*, mais aussi aux dégâts plus sournois, quotidiens. Il y a encore des pans entiers de régions dans le monde, y compris en Méditerranée,

où l'assainissement fait figure d'exception et où l'Océan devient l'exutoire à toutes sortes de pollutions.

Pendant des décennies, nous nous sommes accommodés du déversement de rejets industriels dans les mètres cubes d'eau salée que nous pensions recyclables à l'envi. Jusque dans les années 1960 et 1970, les pays de l'OCDE déversaient des barils de déchets radioactifs dans la fosse des Casquets au large de Cherbourg. Nous avons pris l'Océan pour une vaste déchetterie. Nous lui avons fait subir tous les outrages.

Au-delà de la pollution, le dérèglement climatique qui, en plus d'être à l'origine du phénomène de montée des eaux, accroît leur température et déboussole la biomasse océanique. Nos émissions de gaz à effet de serre, en constante augmentation, acidifient les océans et dérégulent les écosystèmes marins. Les scientifiques nous alertent chaque année de manière croissante, en nous présentant des constats qui font froid dans le dos et ne font qu'accroître nos inquiétudes. Les coraux sont peut-être déjà condamnés à figurer dans les livres d'histoire si le réchauffement continue à ce rythme-là.

Nous percevons les océans comme un environnement aux dimensions infinies qui, dans l'imaginaire collectif, peut tout supporter. Néanmoins, nous ne pouvons que constater les effets délétères de nos activités sur ces milieux. La gestion de la pêche nous mène à cet égard droit dans le mur. Quand certains pays, certains industriels, pêchent dans des zones où ils n'ont en principe pas le droit de le faire, ou encore dans des zones où ils en ont le droit mais le font sans aucun contrôle, ils font preuve d'une inconscience totale.

Les mutations que nous avons subies depuis cent cinquante ans ont désynchronisé la science et la conscience. Nous ne sommes plus à la manœuvre, nous parons les coups mais nous n'anticipons plus. Aveuglé par sa puissance technologique et scientifique, l'homme a pensé pouvoir s'extraire de la nature et tracer son chemin tout seul. Vanité… L'homme ne saura pas faire cavalier seul ou il courra à sa perte.

Aujourd'hui, une conscience émerge, même si cela arrive moins vite que nous ne le souhaiterions. Il nous faut entrer dans une démarche d'impact positif. L'Océan peut nous donner beaucoup, mais il faut qu'en retour nous lui donnions autant, voire encore plus que ce qu'il nous donne. C'est un changement profond d'état d'esprit.

Nous ne sommes pas encore sur la bonne voie car nous devrions avoir beaucoup plus de réserves intégrales dans le monde. Il y a des grands espaces qu'il faudrait totalement sanctuariser. Ces réserves seraient des pépinières qui irrigueraient nos océans. Nous devons développer les aires marines protégées, y compris dans les eaux internationales, non pas comme les derniers sanctuaires, mais bien comme des refuges où la nature peut se reposer, se renouveler, se réinventer.

Pour l'instant, nous ne sommes pas à la hauteur concernant les mesures de protection et de gestion que l'on devrait mettre en œuvre. Toutefois, des réflexions, des initiatives diplomatiques sont en cours et des acteurs se mobilisent. Barack Obama, par exemple, avait décrété une des plus grandes réserves au monde. De notre côté, nous nous battons pour en délimiter une entre la Nouvelle-Calédonie et l'Antarctique.

Je suis d'un optimisme désespéré. Si je n'avais pas un peu d'espoir, je ne consacrerais pas autant de temps à cet engagement. Mais je pense que le seuil de l'irréversible n'est pas loin de nous.

Ce qui me permet de tenir, c'est qu'en réalité le génie humain dispose de suffisamment d'outils pour ne pas franchir le point de non-retour. Mais ce qui fait défaut, c'est une volonté et une intelligence collectives. À l'heure actuelle, il n'y a pas de barreur et les rameurs ne sont pas coordonnés.

« La mer est ton miroir, tu contemples ton âme dans le déroulement infini de sa lame », écrivait Baudelaire dans *L'Homme et la Mer*. Pour l'instant, l'image que l'Océan nous renvoie de nous-mêmes n'est pas flatteuse. Quand le poète écrit que la mer est notre miroir, c'est bien qu'elle nous renvoie notre propre destin. Ses vers sont prémonitoires, et nous devons nous en inspirer.

-

AUDREY HASSON

-

DOCTEUR EN OCÉANOGRAPHIE PHYSIQUE

-

« Spécialisée dans l'observation de la surface de l'Océan par satellite, Audrey nous fait prendre de la hauteur ! La nouvelle génération de chercheurs dont elle est issue, fait, bien plus que les précédentes, preuve d'une fibre environnementale et d'un besoin de partage avec le grand public. Audrey le démontre avec talent à travers ses nombreux engagements associatifs et raconte ici l'importance de son métier d'océanographe. » F. A.

10° N, 125° W

Ce titre ne vous aide pas à me situer ? C'est bien normal. Je suis au milieu de l'océan Pacifique tropical, à huit jours de bateau au sud d'Hawaï. Je suis océanographe, en mission à bord du navire de recherche océanographique américain le *R/V Revelle*. Mes collègues et moi avons pour mission de mieux comprendre les variations de salinité, autrement dit de sel, à la surface de l'Océan en lien avec les pluies tropicales. À bord, ma tâche est de guider les expériences à l'aide d'observations faites par les satellites : température, salinité, courants, houle, etc. Je participe également aux mesures en mer. Une fois à terre, j'étudie certains phénomènes physiques dans l'Océan, grâce aux observations mais aussi aux simulations numériques.

Mon intérêt pour la physique de l'Océan s'apparente à ma fascination pour la compréhension de notre environnement, la phénoménologie. Un nuage qui passe, un flocon de neige qui se forme, des vagues qui semblent venir se briser sur la côte par paquets. L'océanographe est avant tout observateur et curieux. L'élève qui regardait par la fenêtre pendant les leçons, c'était moi.

Les peuples d'Océanie ont navigué sur l'Océan pendant des milliers d'années grâce à de fines observations d'astronomie, d'océanographie et de météorologie. Pourtant, les premières descriptions écrites de courants marins ont été faites lors des voyages de Christophe Colomb au XVe siècle. Les courants et les vents furent en effet mesurés très tôt afin de guider les bateaux à voile depuis les côtes européennes vers le Nouveau Monde. Les moyens de mesure sont restés sommaires jusqu'à l'avènement de l'océanographie moderne.
La science d'aujourd'hui permet à l'explorateur timide d'apprécier le monde. Plus besoin de partir pendant plusieurs années à la découverte des îles du Pacifique à bord de navires à voile tels James Cook ou Jean-François de La Pérouse au XIXe siècle. Le métier a changé. L'océanographe peut désormais observer l'Océan grâce entre autres à des moyens autonomes en mer et aux satellites, qui renvoient en temps quasi réel les données. La collecte de mesures sur le terrain, *in situ*, reste indispensable, en particulier pour l'étude de la chimie et de la biologie marines, mais les missions sont moins longues et moins fastidieuses qu'au temps de Darwin.
La physique de l'Océan est une science encore jeune. De nos jours, des milliers d'océanographes du monde entier étudient l'Océan sous toutes ses coutures ; la tâche n'est pas simple. Sans observation il ne peut y avoir de compréhension. Lorsque nous parlons d'observations, nous parlons de mesures, pas seulement dans le « visible », comme la couleur de l'eau, mais d'autres paramètres invisibles à l'œil nu, comme la salinité ou la température. Les moyens de mesure sont la colonne vertébrale de l'océanographie.
La première campagne scientifique moderne dédiée à l'étude de l'Océan date de 1872 à bord du *HMS Challenger*. Deux cents marins et vingt scientifiques ont navigué pendant plus de trois années, pourvoyant, entre autres, près de cinq cents sondages profonds. L'expédition a permis d'établir la composition

chimique de l'eau de mer et de son homogénéité à travers le globe, information majeure pour l'étude de la salinité qui m'est chère. Cette expédition a aussi mené à la découverte de la fosse des Mariannes, au nord-ouest de l'océan Pacifique, où ce dernier atteint presque 11 kilomètres de profondeur. Il faudra attendre 1960 pour que son point le plus profond, Challenger Deep, soit visité par l'homme à bord du sous-marin bathyscaphe *USS Trieste*. Son concepteur, Auguste Piccard, inspirera Hergé pour le personnage du professeur Tournesol.

Revenons à ma présence au milieu de l'Océan. Nous sommes partis de Honolulu le 13 août 2016 à bord du *R/V Revelle*, pour six semaines de haute mer autour de notre point d'étude : 10° N, 125° W. Ce navire de 84 mètres est consacré à la recherche. Il en existe six comme lui en France. À son bord, trente-cinq scientifiques (dont huit femmes) et quasiment autant de membres d'équipage. Nous effectuons, entre autres, 313 sondages océaniques, 80 sondages atmosphériques et des milliers de mesures de courants, de température, de salinité et de flux d'humidité en surface. Nous déployons également trois mouillages qui mesurent environ dix paramètres en plusieurs points entre leur ancre posée à 5 kilomètres au fond de l'Océan et leur flotteur en surface. En parallèle, plusieurs bouées dérivant dans les courants, ainsi que des drones téléguidés par satellite sont mis à l'eau. Mouillages, bouées dérivantes et drones enverront leurs données aux centres de recherche par communication satellite lorsque le *R/V Revelle* sera reparti vers d'autres missions. Le programme scientifique de terrain s'achèvera quinze mois plus tard par une nouvelle mission en mer pour relever les équipements. Au cours de cette période, un voilier fera plusieurs fois la route pour entretenir les instruments et en déployer de nouveaux. Il faudra encore plusieurs mois aux équipes scientifiques françaises et américaines pour les analyser.

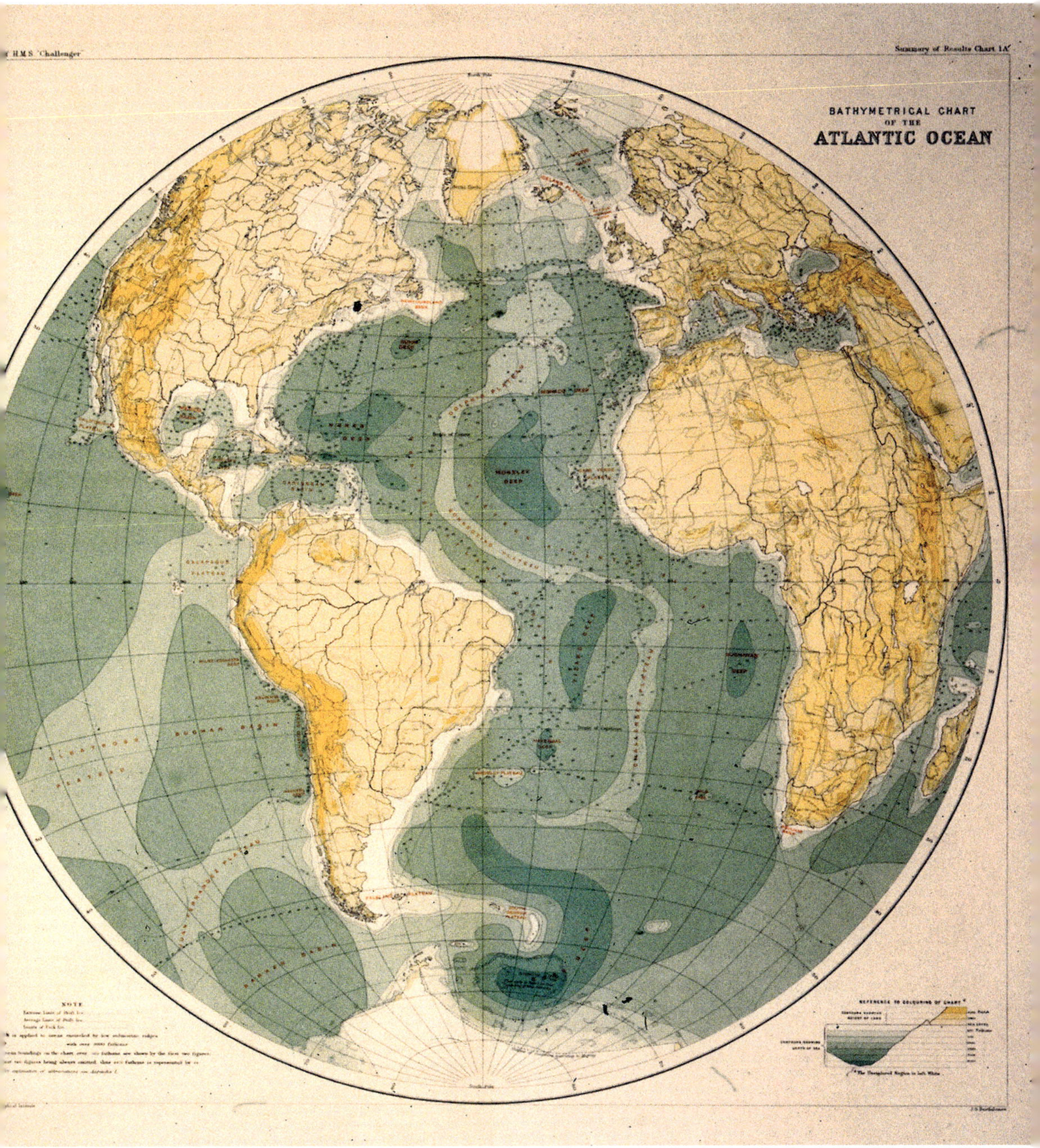
H.M.S. "Challenger"
Summary of Results Chart 1A
BATHYMETRICAL CHART
OF THE
ATLANTIC OCEAN
MOSELEY DEEP
NOTE
REFERENCE TO COLOURING OF CHART

Depuis la fin des années 1970, des satellites de plus en plus performants scrutent la surface de l'Océan. Les observations obtenues sont d'une qualité et d'un volume sans précédent. Les capacités d'observation changent au même rythme que le métier. Encore aujourd'hui notre travail d'océanographe et son rôle dans la société sont en mutation : donneur d'alerte ? prévision du climat futur ? estimation des quotas de pêche ? L'Océan est au cœur des débats politiques dans un contexte de changement climatique et nous, chercheurs, y avons notre place.
En effet, l'Océan est un acteur majeur dans le contrôle du climat de la planète ; il en est le régulateur indispensable. Sa capacité thermique lui permet d'être le premier réservoir d'énergie de la Terre. 93 % de l'excédent de chaleur lié au changement climatique de ces cinquante dernières années se retrouvent stockés à l'intérieur de l'Océan, lequel régule également le climat en absorbant 40 % du dioxyde de carbone émis par l'activité humaine. L'Océan redistribue la chaleur et le dioxyde de carbone en surface, mais les piège aussi en profondeur.
À bord du *R/V Revelle,* nous étudions aussi l'empreinte du cycle hydrologique : quel est l'impact d'une pluie tropicale, de la taille de ses gouttes ou bien du vent sur le mouvement des masses d'eau ? La mission précédente dans l'Atlantique a mesuré l'eau la plus salée jamais relevée dans la zone. C'est un indice de l'accélération du cycle hydrologique, symptôme du changement climatique. Jour et nuit, nous faisons des mesures en mer. Nous changeons régulièrement de fuseau horaire, et je tombe tout aussi régulièrement de ma couchette de peur de manquer le début de mon quart. Je participe aux mesures de température et de salinité avec Ben et Andrew, l'équipe auto-baptisée *Squeaky Bearings.*
L'Océan révèle peu à peu ses secrets aux scientifiques avec de plus en plus de détails. Notre tâche reste pourtant titanesque, à la hauteur de l'objet d'étude. Un article récemment paru dans une prestigieuse revue scientifique, *Nature,* montre le

mouvement important créé par le krill dans l'Océan, à l'échelle de la planète, alors qu'il s'agit d'une crevette pesant 2 grammes en moyenne.

Voilà plusieurs semaines que nous avons quitté la ville de Honolulu. Éric, mon collègue océanographe, arpente l'Océan depuis de nombreuses années. Lui et moi sommes fascinés par toutes les nuances de bleu que nous offre la nature. La mer arbore tous les jours de nouvelles teintes, tout comme le ciel et les nuages. C'est seulement au coucher du Soleil que la palette s'élargit aux oranges et aux rouges.
Ce jour-là, notre regard est happé par un objet qui à lui seul résume l'empreinte de l'homme sur Terre. Une bouteille en plastique s'agite doucement au rythme des ondelettes à la surface de l'Océan. Elle est bien là, à quasiment 3 000 kilomètres de la capitale la plus proche, Mexico. Elle n'est pas seule. Une fois que l'on remarque une bouteille, on en aperçoit une autre, puis une autre...
Le fameux 7e continent de plastique. Rares sont ceux qui ont pu échapper à la foule d'articles qui lui ont été dédiés dans les journaux français depuis quelques années. Les « continents » de plastique sont une accumulation de macroplastiques à la surface de l'Océan : bouteilles, morceaux de polystyrène, matériel de pêche et toute autre preuve de notre vie moderne. Ils sont majoritairement rejetés par les activités humaines. Les objets flottants en plastique poussés par les vents et les courants s'accumulent au centre de chaque bassin océanique. Les océanographes ne parlent pas d'océans au pluriel mais de bassins océaniques ; il en existe cinq principaux : l'Atlantique Nord, l'Atlantique Sud, le Pacifique Nord, le Pacifique Sud et l'Indien. Le *R/V Revelle* est pourtant loin du centre du bassin Pacifique Nord, où les macroplastiques ont déjà été observés. En réalité, ces accumulations de plastique maladroitement appelés

« continents » prennent plutôt la forme d'archipels avec une multitude de plus petits amas. Bien qu'ils permettent la sensibilisation du public, ils ne sont malheureusement que la part visible de la pollution.
Seule la partie émergée de l'iceberg, ou bien du plastiberg, est en fait appréciable au premier regard. La plus grande partie de la pollution est invisible, puisqu'elle se trouve sous la surface. Dan, ingénieur à bord du *R/V Revelle*, nous montre ses échantillons. L'eau prélevée est mouchetée de microplastiques, c'est-à-dire des particules de plastique d'une taille inférieure à un demi-centimètre. La concentration constatée ce matin-là est effrayante.
Ces microplastiques, qui proviennent de la fragmentation des déchets macroplastiques, se retrouvent mélangés aux plantes et aux animaux microscopiques, le phytoplancton et le zooplancton, qui sont la base de la chaîne alimentaire en milieu marin. Les scientifiques en ont trouvé dans toutes les mers.
L'Océan recouvre 72 % de la surface de la Terre. Il est plus profond que la plus haute des montagnes et contient plus d'espèces vivantes que toutes les forêts. Pourtant, d'ici 2050, on y trouvera plus de plastique que de poissons, en masse équivalente. Les scientifiques de la communauté internationale tirent la sonnette d'alarme sur l'amplitude et sur les effets de cette pollution. Récemment, un cachalot a été retrouvé échoué sur une plage espagnole avec 29 kilogrammes de macroplastiques dans les intestins. Les microplastiques, quant à eux, sont déjà retrouvés dans les poissons, les coquillages et même le sel de mer que nous consommons. Quel sera leur effet sur notre santé ?
Loin des côtes, Éric me fait découvrir les multiples faces cachées du plastiberg. Au-delà de l'impact direct de l'ingestion de matières plastiques, petites ou grandes, les scientifiques montrent que celles-ci sont vecteurs de microbes, d'espèces invasives et de substances toxiques. Les particules de plastique agissent tels de petits radeaux très résistants auxquels

ROGER REVELLE
SAN DIEGO

les organismes s'accrochent et dérivent sur des milliers de kilomètres. Le plastique permet à ces éléments de se déplacer dans des écosystèmes qui étaient jusqu'alors isolés les uns des autres. On peut donc s'attendre à ce que la faune et la flore de tous les écosystèmes marins soient altérées. Les scientifiques observent déjà l'évolution des écosystèmes pour survivre dans un environnement anthropogénique plastique, la plastisphère. Bien qu'il soit difficile pour chacun de se représenter son propre impact sur l'ensemble de la Terre, il est pourtant réel. L'homme a très longtemps considéré l'Océan comme une masse inerte et infinie, intouchable. Pourtant, bien avant l'avènement de la plastisphère, l'homme avait déjà bouleversé l'équilibre de l'Océan en pêchant.

En six semaines de campagne océanographique, les activités pour se divertir s'étoffent. Le ciel nocturne offre un spectacle incroyable, loin de toute pollution lumineuse. Ben m'apprend les noms des étoiles et des constellations. On cherche à battre un record de corde à sauter avec du cordage de mouillage. Janet refuse systématiquement de m'offrir une victoire au backgammon. Un soir, nous croisons au loin pour la première et dernière fois, un navire de pêche. Tous les scientifiques se retrouvent sur le pont pour une partie de pêche en haute mer. C'est un moment de liesse, où nous respirons tous. Seulement voilà, les plus « anciens » à bord déplorent une pêche bien maigre dans une région pourtant connue pour ses eaux poissonneuses, Éric me conseille alors la lecture de *The Unnatural History of the Sea*[1], de Callum Roberts, professeur de biologie marine, pour m'éclaircir les idées.

Les chiffres sont clairs. La faune marine s'est réduite de 50 % entre 1975 et 2005. Certaines études suggèrent que cette chute remonte à bien plus tôt, lorsque les bancs de dauphins étaient communs au large de nos côtes. Les premières photographies

1. Island Press, 2008.

en noir et blanc montrent les étals de marchés chargés de poissons mesurant aisément plusieurs mètres de long, pour un poids dépassant les 50 kilogrammes. L'homme exploite l'Océan depuis plus de 40 000 ans. Cependant, l'apparition des navires hauturiers et des méthodes de conservation ont industrialisé la pêche depuis le XIXe siècle. Callum Roberts décrit l'abondance avant cette révolution, et je découvre au fil des pages un Océan qui m'est inconnu. Je peine à imaginer que la profusion de bancs de sardines pouvait entraver la route des navires des pêcheurs anglais. Comment les pêcheurs basques pouvaient être les champions de la pêche à la baleine alors que je n'en ai jamais vu sur la façade atlantique ? J'étudie l'Océan depuis plus de dix ans, et pourtant je me trouve désorientée face aux changements qu'il a subis et qu'il subit encore sous l'action de l'homme.

Chacune des missions en mer auxquelles j'ai eu la chance et le bonheur de participer a apporté sa couleur à ma vision du métier d'océanographe. À la fin de notre odyssée, je retrouve Honolulu et son intense activité de ville balnéaire. Bibelots en plastique, pommes canadiennes, sushis à profusion. Cette mission en mer, accompagnée de rencontres extraordinaires, m'a fait prendre conscience que j'occultais une part essentielle de l'Océan : le danger tangible dans lequel il se trouve. Elle a décuplé ma passion, ce pour quoi je travaille et ce pour quoi je veux me battre avec encore plus d'énergie.
Et je ne suis pas seule. J'ai le plaisir de croiser au quotidien des femmes et des hommes qui partagent la même passion, la même envie de changer le monde, la même appétence pour la transmission. Des milliers de scientifiques partagent leurs résultats pour sensibiliser la société à la beauté et à la fragilité de l'Océan. Il y a Fanny et son enthousiasme débordant à toujours vouloir mieux comprendre pour mieux transmettre. Mais il y a aussi les citoyens dont la soif d'agir se concrétise

par une consommation raisonnée de poissons, par des actions de tris, de nettoyage des plages, par une prise de conscience de l'impact des emballages plastiques. Nous, océanographes, suivons aussi avec intérêt le développement des sciences participatives qui permettent à tous de s'engager un peu plus chaque jour et nous apportent des données précieuses pour nos études.

L'océanographie se métamorphose encore sous mes yeux par l'émergence de ces nouveaux acteurs essentiels. Au défi encore tenace que représente la surpêche se superposent aujourd'hui ceux du changement climatique et des pollutions chimique, bactériologique et plastique. L'équilibre de l'Océan que nous connaissons n'a jamais connu pareil danger, mais je suis intimement convaincue que les hommes sauront relever le défi.

-

DAVID MARTIN

-

REPORTER, CAMERAMAN ET CONSULTANT SPÉCIALISTE DES REQUINS

-

« Moniteur de plongée dès l'âge de 18 ans, ce confrère auvergnat a parcouru la planète. À 20 ans, il est le premier à filmer les requins bouledogues d'eau douce dans le lac Nicaragua. Chaque année, en Afrique du Sud, il filme les femelles requins taureaux en gestation à des fins scientifiques. Il nous prouve ici que l'homme est un tueur de requins, pas l'inverse ! David fait partie de cette magnifique communauté de défenseurs de la nature qui œuvre inlassablement pour protéger notre patrimoine écologique, en particulier les indispensables squales. » F. A.

PASSION REQUINS

Je me souviens que, lorsque j'étais petit garçon dans les montagnes d'Auvergne, je voulais pour mon anniversaire des posters de requins. Très tôt, j'ai ignoré les camions et autres joujoux pour collectionner les dents de requins. Si j'en crois ma mère, mes premiers dessins représentaient déjà des marins, des poissons, des pêcheurs... Tout ce qui m'intéressait, c'était en apprendre toujours plus sur les requins. À 11 ans, je me suis inscrit au club de plongée de la piscine municipale qui se trouvait à 50 kilomètres de chez nous et j'ai commencé à passer mes brevets de plongeur. Ma fascination pour les requins est venue au fur et à mesure de mes lectures, et notamment des livres du commandant Cousteau que je connaissais par cœur. À 18 ans, mon brevet de moniteur en poche et avec la bénédiction de mes parents, j'ai quitté la France pour aller travailler en mer Rouge et aux Maldives.

Les requins existent depuis plus de 400 millions d'années, soit 200 millions d'années avant les premiers dinosaures. Leur peau rugueuse est faite de minuscules denticules. Elle est donc

beaucoup plus solide que celle des autres poissons couverts d'écailles. Ils n'ont pas d'os mais du cartilage, ce qui les rend plus légers et plus souples. Ils perçoivent les champs électriques des autres poissons, ce qui leur permet de chasser la nuit. Quant à leurs dents, elles se renouvellent tous les quinze jours. La majorité des espèces se reproduisent comme des mammifères et les bébés requins sont autonomes dès leur naissance.
Je me souviens encore de la première fois où j'en ai vu un en vrai. C'était un requin pointe blanche. J'avais 18 ans, je venais à peine d'obtenir mon diplôme de moniteur de plongée et je travaillais en mer Rouge, du côté égyptien. Trente ans plus tard, je me souviens encore de cette plongée. Un petit récif de corail avec un fond de sable à 20 mètres de profondeur. Je plongeai avec des clients le long du récif quand un petit est passé près de nous, au ras du sable. C'était beau, tout simplement. Je me souviens encore de son élégance et de sa grâce.
Au fil des ans, j'ai eu la chance de pouvoir approcher et filmer de nombreuses espèces à travers le monde. J'ai vécu des moments uniques, mais les plus marquants sont ceux où je me suis dit : « Personne ne va me croire quand je vais leur raconter ce que j'ai vu. » Par exemple, je m'étais rendu en Afrique du Sud pour filmer les requins-tigres au large de Durban. Avec un autre plongeur, nous avions mis des têtes de thon comme appâts dans une caisse immergée à 5 mètres sous la surface. Elle était suspendue à une bouée et dérivait doucement avec le courant. Pendant une heure, j'ai filmé jusqu'à quatre requins-tigres qui s'approchaient de la caisse d'appâts. Quand nous avons refait surface, le bateau n'était plus là. La bouée flottait à côté de nous et la caisse d'appâts à 5 mètres sous nos palmes. Pendant presque une heure, nous avons dérivé à 4 kilomètres au large des côtes, en pleine mer, avec quatre requins-tigres juste en dessous de nous. Le bateau, qui avait eu un problème de moteur, avait dérivé et il lui a fallu beaucoup de temps pour nous retrouver. C'est à ce moment-là que j'ai pensé que, si on avait pu filmer toute cette

scène pour montrer au public qu'il ne s'était rien passé de dramatique, que les requins-tigres n'ont à aucun moment montré de signes d'agressivité, peut-être alors que les gens nous croiraient... Il est important pour moi de ramener régulièrement de nouvelles images de requins, tout d'abord pour continuer à alimenter les documentaires et ainsi éviter que le public ne voie toujours la même chose, mais aussi pour apporter la preuve que le requin n'est pas un monstre, mais bien un poisson comme les autres et qu'il n'est pas forcément dangereux. C'est pour cela que j'essaie de filmer les requins avec des plongeurs qui évoluent en liberté dans l'eau dès que cela est possible. Ce que je cherche à montrer, c'est que l'on peut les approcher sans risque, dès lors que l'on respecte certaines règles et qu'on apprend à les connaître.

Il existe une tradition chinoise qui remonte à la dynastie Song (960-1279) et qui consiste à manger de la soupe d'aileron de requin. Selon la légende, celle-ci aurait pour vertu notamment de soigner l'impuissance sexuelle et les maladies cardiaques et de fournir de l'énergie. Pourtant, il a été prouvé scientifiquement que la soupe d'ailerons de requin a une valeur nutritive très faible et un apport vitaminique quasi nul. En réalité, lorsqu'on consomme du requin, notre corps est surtout exposé à une forte concentration de mercure ! Quant aux vertus de virilité qu'on lui prête, elles relèvent évidemment du pur fantasme... À l'époque, ce plat était réservé aux membres de la famille impériale et à l'aristocratie. Mais à partir des années 1990, ce met très recherché s'est démocratisé et a intégré les menus des classes émergentes. L'augmentation de la demande a entraîné le développement d'une pêche industrielle qui tue aujourd'hui plus de 100 millions de requins par an. Autrement dit, ce sont plus de 200 000 requins qui sont tués chaque jour dans le monde, soit trois par seconde !

Or le requin met près de vingt ans pour atteindre sa maturité sexuelle et n'engendre que quelques petits à la fois. Aujourd'hui, le nombre de requins tués dépasse largement le taux de renouvellement de l'espèce. Prédateur de grande taille, le requin est au sommet de la chaîne alimentaire marine. Chaque maillon de cette chaîne régule l'écosystème. Si l'un d'entre eux disparaît, tous les autres sont affectés et l'équilibre est rompu, avec des conséquences catastrophiques sur notre environnement et donc forcément sur nos vies.

Certes, le requin fait peur, et des films comme *Les Dents de la mer* ou d'autres productions hollywoodiennes plus récentes entretiennent cette phobie. Les médias ont eux aussi leur part de responsabilité quand ils alimentent la psychose en présentant le requin comme un mangeur d'hommes dès que l'occasion se présente.
En réalité, le nombre annuel de victimes des requins est infime. Il y a en moyenne douze personnes par an qui succombent à des morsures de requins. Ce n'est pas rien, bien sûr, mais c'est moins, par exemple, que le nombre de victimes heurtées par des balles de golf ou électrocutées par leur grille-pain. Qu'on se le dise, l'animal qui fait le plus de victimes est le moustique, puisqu'il tue près de 700 000 personnes chaque année !
Pour sauver les requins, il est impératif de concentrer tous nos efforts pour informer et éduquer les populations afin de faire comprendre au plus grand nombre l'importance de cet animal pour la stabilité de notre écosystème – si fragile et si précieux.

-

FRANÇOIS GABART

-

SKIPPER DU TRIMARAN *MACIF*, COMPÉTITEUR DE RENOMMÉE INTERNATIONALE ET INGÉNIEUR

-

« “Je ne crois que ce que je vois”, a dit saint Thomas. François, lui, a vu. En parcourant les océans pour assouvir sa passion il a pu constater de ses yeux l’urgence de la situation. Il a côtoyé de près les effets du changement climatique et navigué au milieu des immondices qui jonchent la surface de l’eau, du plastique mais aussi un nombre incalculable de conteneurs tombés des bateaux de marchandises. À travers ses lignes, ce jeune marin, grand témoin de son temps, nous livre son regard de navigateur, de citoyen et de père de famille. Il nous invite à voguer avec lui en quête de solutions pour l’avenir et nous convainc que chacun peut et doit agir. » F. A.

-

QUELS OCÉANS POUR NOS ENFANTS ?

-

Inépuisable source de plaisir et de curiosité, les mers et les océans ont bercé mon enfance d'un doux sentiment de liberté. Ce sentiment, je l'éprouve encore, à chaque fois que je m'y aventure. Et les occasions ne manquent pas pour celui qui fait de la course au large son métier.
Naturel et sauvage, cet élément me fascine depuis toujours, et je ressens à son contact une profonde attirance : je suis comme aimanté par la force et l'énergie positive qui s'en dégagent. Nul ne peut rester indifférent à sa beauté, à ses variations d'humeurs et de couleurs. Certains y plongent leur regard avec mélancolie. Pour ma part, j'y puise une source incroyable d'espoir et d'optimisme. On me demande souvent d'où vient cet attachement à l'Océan, cette facilité avec laquelle j'évolue dans cet univers, perçu comme dangereux et hostile par la majorité des terriens. Je crois que cette aisance et ce lien indéfectible remontent à ma toute première traversée de l'Atlantique. J'avais six ans, et j'embarquais avec mes sœurs et mes parents, pour un voyage qui devait durer un an, à bord du *Peskavel*, notre voilier familial. Porté par le souffle d'Éole, bercé par le rythme de la houle, je garde de cette

expérience le souvenir extraordinaire d'un voyage en communion avec mes proches et avec la nature ; la découverte d'un terrain de jeu fascinant, où il suffit de jouer avec le vent et les vagues pour se déplacer ; et l'intime conviction d'être à jamais le bienvenu dans ce royaume, à condition de toujours faire preuve d'humilité.
Voilà maintenant près de trente ans que je sillonne les océans, au gré des compétitions et des records auxquels je participe dans le cadre de mon métier de marin. Et si je ne me lasse pas de leur beauté, je suis de plus en plus inquiet pour leur devenir.
Je ne suis ni chercheur ni océanographe, et lorsque je traverse les eaux du globe à toute vitesse, je ne vois pas forcément ces amoncellements de plastiques qui stagnent dans les zones où le vent est aux abonnés absents et où je me risque rarement. Malgré tout, il m'arrive d'apercevoir des bouteilles ou des sacs plastique, à des milliers de kilomètres des côtes, dans les zones océaniques les plus isolées de la planète. La pollution de nos océans, hélas, est bien réelle, comme en témoigne le cri d'alarme des scientifiques qui, études à l'appui, nous alertent sur une situation devenue catastrophique.
Selon les chiffres avancés lors de la Conférence des Nations unies sur les océans en juin 2018, chaque année, huit millions de tonnes de plastique se retrouvent dans les eaux océaniques. Et même si des solutions sont imaginées pour ramasser tous ces déchets, le vrai fléau réside dans les microplastiques, comme le soulignent Jeff Ghiglione, directeur de recherche en écotoxicologie au CNRS, et Romain Troublé, directeur général de la Fondation Tara Expéditions : « Le pire, c'est ce qu'on ne voit pas, ces milliards de microplastiques en suspension dans l'eau, qui contaminent la chaîne alimentaire marine et rendent illusoire tout projet de "nettoyage de l'océan". Deux cent cinquante milliards de ces particules flottent à l'échelle toute relative de la mer Méditerranée. » Impossible de rester insensible aux résultats de leurs recherches. Nos océans sont au plus mal, et nous devons prendre conscience de la nécessité de stopper l'hémorragie le plus rapidement possible.

Sur l'eau, en tant que navigateurs, nous sommes confrontés au fléau des conteneurs qui tombent des cargos par milliers. On estime à près de 10 000 le nombre de ces énormes caisses métalliques, qui se perdent chaque année dans les océans. Certains coulent rapidement, d'autres stagnent entre deux eaux et font le malheur des marins qui les heurtent de plein fouet, au cours de leurs transats ou de leurs circumnavigations. Au mieux rageantes, lorsqu'elles n'occasionnent aucune blessure ou perte du bateau, ces avaries sont surtout le signe qu'une vraie pollution émane de cette problématique. Et si ces pertes sont majoritairement liées à de mauvaises conditions météo, elles sont aussi le fruit de mauvais arrimages, faute de temps... autrement dit, faute d'argent !
En tant qu'acteurs d'une société de consommation dans laquelle l'on cherche à obtenir toujours plus, à moindre coût, nous sommes malheureusement en grande partie responsables de cette pollution. Je ne me pose pas en donneur de leçons, car j'achète aussi des produits qui ont parcouru des milliers de kilomètres avant de finir sur les étalages de nos magasins. Je participe à la circulation toujours plus dense des porte-conteneurs. J'en ai conscience ! Je veux, je dois, et nous devons tous changer notre manière de consommer, pour privilégier les produits locaux et préférer la qualité à la quantité. La démarche n'est pas simple au regard des habitudes que nous avons prises, mais si nous faisons chaque jour un petit effort, à notre échelle, ce sera déjà un grand pas pour nous tous et pour nos océans.
Qu'on ne se méprenne pas : je ne critique pas le transport maritime qui reste, selon moi, le moyen le moins polluant d'affréter des marchandises sur une longue distance. Mais nous pouvons améliorer cette filière. Nous sommes aujourd'hui capables de faire voler des bateaux et de les faire tourner autour de la planète en moins de cinquante jours, grâce à la seule force du vent. Il y a une multitude de pistes à explorer pour que le transport maritime n'ait plus d'impact négatif sur notre environnement.

L'autre phénomène auquel sont confrontés les marins est celui du réchauffement climatique. Depuis quelques années, nous ne cessons d'améliorer nos performances, d'avaler les milles nautiques de plus en plus vite et de rallier les continents en des temps records. Il n'y a aucune raison pour que cette dynamique cesse et que l'on ralentisse. Pourtant, aujourd'hui, on peut sérieusement se poser la question de ce que sera notre terrain de jeu dans un futur proche. Dans les années 1960, Bernard Moitessier, Sir Robin Knox-Johnston et autres pionniers de la course au large ouvraient la voie d'une chevauchée fantastique dans les mers du Sud. Leurs périples avaient le goût salé d'une aventure sans limite. Cinquante ans plus tard, nous ne pouvons déjà plus emprunter leur parcours originel. J'en ai fait l'expérience lors de mon premier tour du monde, le Vendée Globe, en 2012-2013. Cette édition fut marquée par la présence de « portes des glaces », des points de passage obligatoires qui nous interdisaient de descendre trop au Sud, à cause de la présence d'icebergs sur la route orthodromique (c'est-à-dire la route la plus courte et donc la plus proche de l'Antarctique). Ces blocs de glace étaient très présents cette année-là jusqu'au Cap Horn ; la course suivante a vu le maintien de ces portes, afin d'éviter tout risque de collision.

Si les « vendéglobistes » de la cuvée 2016 n'ont ainsi croisé aucun iceberg, je me suis fait une belle frayeur, un an plus tard, dans ma quête du record du tour du monde en solitaire. Contraint par aucune règle de course, je glissais par 60 degrés Sud dans les eaux du Pacifique, lorsque je me suis retrouvé nez à nez avec l'un de ces magnifiques mais dangereux blocs de glace. Un rappel à l'ordre que je ne suis pas près d'oublier ! Au-delà du gros coup de stress que m'a valu cette rencontre, elle me conforte dans l'idée qu'il sera bientôt difficile de traverser à toute vitesse le détroit de Drake, entre l'Amérique du Sud et le continent austral. Et je suis déjà meurtri à l'idée de savoir que mes enfants, s'ils se prennent d'une

MACIF
MACIF
MACIF
MACIF
MACIF

même passion pour la navigation, ne pourront pas jouir d'un univers aussi vaste que celui qu'il m'a été donné d'explorer ! Cette fonte des glaces liée au réchauffement climatique n'est pas une utopie. Et si je ne prétends pas avoir les connaissances scientifiques nécessaires pour en mesurer les effets et les conséquences, les spécialistes sont formels : le phénomène s'accélère, et il va avoir de graves répercussions sur notre écosystème, qui tout entier est menacé. Le président de l'une des plus grandes puissances mondiales a beau le nier, la situation est alarmante et ce n'est qu'en prenant la pleine mesure de sa gravité, et en agissant au plus vite, que nous aurons une chance d'inverser la tendance.

Les spécialistes l'ont encore souligné à l'occasion de la Journée mondiale des océans : les eaux océaniques, véritable poumon de la Terre, jouent un rôle primordial dans notre subsistance, et nous devrions les préserver comme notre bien le plus précieux. Or la « haute mer », qui désigne toutes les zones maritimes qui s'étendent à plus de 200 milles des côtes (soit 360 kilomètres) et ne sont sous l'autorité d'aucun État, est longtemps restée une zone de non-droit. Un temps protégés de l'homme qui ne pouvait s'y aventurer, ces espaces, qui représentent deux tiers des eaux de la planète, ont été pillés et pollués dans la plus grande indifférence, pendant plus de trente ans. Sensibilisé à cette problématique en 2013, j'ai signé l'Appel de Paris pour la haute mer, visant à ce qu'une responsabilité collective soit engagée pour préserver cette zone considérée comme propriété de tous et responsabilité de personne à la fois. Au moment où j'écris ces lignes, des négociations ont enfin commencé à l'ONU, afin que l'Océan soit reconnu comme bien commun de l'humanité. Beaucoup diront que ces avancées restent trop lentes, et ils auront raison. Je veux, pour ma part, retenir que l'on commence enfin à marcher dans la bonne direction.

L'Océan occupe une place toute particulière dans mon cœur. Je l'ai découvert à travers les yeux émerveillés d'un enfant ;

je l'aime aujourd'hui à travers ceux d'un marin fasciné, respectueux et passionné. Il y a une part de cet élément qui coule dans mes veines, et je suis malade de le voir ainsi pollué, affaibli, saccagé. Mais ce que je voudrais, à travers ce manifeste, c'est porter un message d'espoir. Je crois beaucoup à la petite part de responsabilité de chacun pour essayer de faire quelque chose de grand au niveau mondial. Notre planète est au plus mal, mais j'ai foi en l'homme et en sa capacité à changer, à se remettre en cause et à imaginer la société de demain : une société dans laquelle il vivra en harmonie avec les siens, la nature et les océans.

-

JULIEN BOUCHER

-

CONSULTANT, CHERCHEUR, ENTREPRENEUR ET NAVIGATEUR PASSIONNÉ

-

« Julien œuvre en faveur d'une économie circulaire en accompagnant les entreprises dans des démarches d'écoconception. Il est à l'initiative de la méthodologie d'"empreinte plastique" permettant aux entreprises de mesurer leur impact environnemental et d'agir en faveur des océans. Son constat est saisissant, mais en rien fataliste. Pour stopper la plastification des océans, nous devons nous y mettre maintenant et tous ensemble ! » F. A.

-

UNE SOUPE DE PLASTIQUE

-

Il navigue désormais sur tous les océans du globe. C'est pourtant au cœur de la Terre qu'il est né. Des dizaines de millions d'années pour arriver à maturité, avant que des technologies dernier cri ne le transforment en objets divers et variés. Si prisé, mais souvent utilisé quelques secondes seulement, il a fini au rebut avant de commencer sa longue épopée salée. Lui, c'est le plastique ; il ne rêvait pas de naviguer, juste d'être recyclé.

Dans la nature, tout est cycle. Celui des marées en est une illustration maritime. Au gré du jusant et du flot, l'estran se découvre. J'aime le parcourir – je suis un homme du littoral – les pieds sur terre et le regard en mer.
Aujourd'hui, je suis amer. Lors de mes balades, ce ne sont plus seulement mes pieds qui laissent une empreinte sur le sable côtier. Ce plastique échoué se fait de plus en plus présent aux quatre coins des lagons et des abers. Voilà l'illustration criante de notre empreinte, le sillage de notre navire Terre surpeuplé.
Je suis conseiller en écoconception, c'est mon métier. Mon défi : mesurer cette empreinte et inventer des solutions pour

plus de circularité. Mon rêve d'île est mis en danger : de Batz aux Kerkennah, de Lifou à Carriacou, des Kornatis à Metopi, la mer n'est plus seulement salée, elle est aussi plastifiée.

LE PLASTIQUE, C'EST FANTASTIQUE ?

Plastique, je ne te hais point. Depuis les années 1950, sa production n'a cessé d'augmenter, de 0 à près de 400 millions de tonnes cette année. Si l'on y réfléchit, ce chiffre n'est pas très surprenant. Les plastiques sont partout et dans tout, et au départ pour de bonnes raisons : c'est une famille de matériaux aux propriétés fantastiques, légers, résistants, malléables à souhait et permettant même souvent des gains environnementaux en réduisant les émissions carbone des transports logistiques et en limitant les pertes alimentaires des produits périssables. D'ailleurs, ne vaut-il pas mieux utiliser le pétrole pour fabriquer ce fantastique plastique que de le brûler directement dans un moteur de voiture ?

Plastique, je ne te hais point, et pourtant : depuis 1950, ce sont plus de 8 000 millions de tonnes de plastiques qui ont été utilisées par l'humanité, dont seulement 7 % sont recyclés. La grande majorité du plastique ne suit pas le cycle vertueux de la matière, finissant au mieux dans des décharges, au pire dans l'environnement. Inexorablement, une partie de ce plastique suit son cours vers l'Océan.

Sur notre planète bleue, la quantité de plastique qui fuit dans les océans chaque année dépasse désormais les 10 millions de tonnes. Soit 4 grammes par jour et par personne. 4 grammes : l'équivalent du poids d'un sachet plastique que nous jetterions dans la mer, chacun, chaque jour ! À chacune de mes conférences, je cite ces chiffres. Je crois en leur portée, c'est ma façon de vous engager. Dix millions de tonnes, pourtant, c'est plutôt abstrait. À ce rythme, certains prédisent que d'ici 2050

il y aura plus de plastique que de poissons dans les océans. Converti en film alimentaire, tout ce plastique accumulé dans les mers serait suffisant pour recouvrir près de trois fois la surface de l'Europe !
4 grammes : cela doit aussi correspondre au poids du film plastique entourant le concombre que j'avais oublié sur ma table avant de partir en conférence il y a trois jours. De retour chez moi à pas d'heure, plus rien dans le frigo et je n'ai pas mangé. Je retrouve mon concombre oublié, mais intact dans son film plastique. Quelle ironie. Le plastique, c'est fantastique.

UN PROBLÈME DE TAILLE

On retrouve du plastique dans l'estomac des baleines, dans 90 % de ceux des oiseaux de mer, dans les coquillages et même dans le sel de mer et l'eau du robinet. Les plastiques que nous ramassons sur les plages ne sont que la partie émergée de l'iceberg. La plus grande menace est invisible. Car une fois soumis aux conditions océaniques, une grande partie de ce plastique se retrouve fragmenté en une myriade de petites particules, les microplastiques, dont le diamètre est inférieur à 5 millimètres. Une partie de ces particules flotte et s'accumule dans les gyres océaniques, à la convergence des courants marins.
Cette pollution des océans est aussi alimentée par d'autres sources de microplastiques, que l'on dit primaires et qui sont omniprésents. Certains sont utilisés intentionnellement : dans la famille cosmétique, on peut citer les crèmes défoliantes, certains savons ou dentifrices. D'autres se forment par l'abrasion d'objets ; c'est le cas lors du lavage des textiles synthétiques ou du frottement des pneus sur la chaussée. Ces microplastiques finissent dans les eaux de ruissellement ou dans les égouts. Une partie est retenue dans les stations d'épuration, mais la majorité poursuit sa route jusqu'aux océans pour finir par couler et s'accumuler

Plastic Soup
The biggest soup in the world!
PLASTIC ENTIRELY RECUPERATED FROM NATURAL OCEANS
100% UNNATURAL
40g
1 SERVING
On average, the amount of plastic being put into the ocean by each person every month.
WARNING: DO NOT OPEN OR INGEST THIS PRODUCT.
My Little Plastic Footprint is
PLASTIC SOUP
This is just a tiny portion of the world's biggest soup: the plastic soup. Tons and tons of plastic waste are being dumped into the ocean. It pollutes the water and the air. It poisons birds and marine species, even the ones we'll eat later. Life, in and out the ocean, is dying.
We are running out of time. Every human shares this threat and the responsibility to cooperate in its solution. Learn how to reduce your plastic footprint and sign up for our challenge with the My Little Plastic Footprint app.
INSTRUCTIONS
1. Accept the magnitude of the problem.
2. Download My Little Plastic Footprint.
3. Start reducing your plastic footprint.
My Little Plastic Footprint
Download on the App Store
GET IT ON Google Play
INGREDIENTS
Shopping bags
Packaging and bottles
Disposable products
Toys and decorations
Microplastics from cosmetics
Microfibers from clothes
And much more...
NUTRITIONAL INFORMATION
PLASTIC
mylittleplasticfootprint.org

sur les fonds marins. Une strate de plastique se forme, marqueur de notre ère pour les générations futures peut-être. Après l'anthropocène, parlera-t-on alors de plasticène ? Notre empreinte a vraiment une ampleur géologique.

LA SOUPE, J'EN AI SOUPÉ !

Les images de tortues étranglées ou étouffées par des emballages plastiques ont fait le tour du monde. Certes, les effets néfastes de ces macrodéchets sur les écosystèmes et la faune marine sont nombreux, mais les microplastiques présentent une menace encore plus inquiétante. Les premières études montrent que ces derniers s'accumulent dans les cellules des organismes, migrant du plancton aux animaux en haut du réseau trophique. Ces particules seraient même le vecteur de nombreuses contaminations chimiques, pesticides et autres polluants hydrophobes affectionnant particulièrement ces surfaces particulaires. Ce cocktail physico-chimique atteindra-t-il l'homme, perché en haut de sa pyramide trophique ?
L'homme du littoral de retour de la grève ne se doute pas que sa prise est contaminée. La pêche à pied devient toxique, la mer est devenue une véritable soupe de plastique. L'amère soupe !
Mange ta soupe qu'ils disaient, ça fait grandir. J'en ai soupé.

« C'EST PAS MOI, C'EST LES AUTRES... »

Dans l'avion, l'autre jour, je discutais avec mon voisin, on se racontait nos vies. Je lui parlais de plastique et de mon engagement pour l'environnement. Mon discours est difficile à tenir quand on sait que ces déplacements aériens pèsent sur mon bilan carbone. Comme souvent, l'interlocuteur est conscient

du problème, mais pense que ce sont les autres, les fautifs... particulièrement ceux de ces pays où les déchets sont mal gérés. « Chez nous », on est propres ! Le problème, c'est « là-bas ».
Mais la pollution plastique des océans n'est pas qu'une problématique de déchets et d'emballages. Nous sommes tous concernés et responsables, mais de manières différentes. Le cas des microplastiques primaires démontre une problématique très pernicieuse et universelle. Dans nos pays occidentaux, la pollution plastique des océans est majoritairement causée par ces sources diffuses. Au niveau mondial, elles représentent 1,5 million de tonnes par an qui viennent nourrir la soupe de plastique.
Ces sources de microplastiques ne sont pas liées à la fin de vie de nos déchets, mais imbriquées de manière plus intime dans notre mode de vie et de consommation. « On ne va pas arrêter de rouler en voiture pour ça ! Et il faut bien s'habiller ! », me rétorque mon interlocuteur. Nous acceptons également d'acheter « ici » des produits fabriqués « là-bas », fermant les yeux sur les conséquences. C'est tout notre mode de vie qui est remis en question. Certes, mais qui peut prédire les conséquences de la non-action ?
La plastification de nos océans ne doit pas être vue comme une fatalité. Il est essentiel que nous nous en réappropriions tous la responsabilité et en acceptions la complexité pour naviguer ensemble vers des solutions.
Comme souvent, à l'issue de notre conversation, mon interlocuteur, interpellé, me remercie pour la planète et part vaquer à ses occupations. Mais peut-on réellement changer de cap à l'échelle du navire Terre ?

PRIORITÉ ABSOLUE : FERMER LE ROBINET !

Quand on pense à la pollution plastique, la première image qui vient à l'esprit est souvent celle de plages jonchées de déchets ; c'est sans doute la raison pour laquelle les campagnes de sensibilisation et les programmes de nettoyage des littoraux se sont multipliés ; ils permettent le ramassage de quantités importantes de déchets, et leur acheminement vers des filières de retraitement adaptées. D'autres initiatives visent à dépolluer les océans au moyen de « bateaux filtreurs », sortes de navires éboueurs de la mer. Sans dénigrer ces initiatives qui ont tout leur intérêt, surtout quand il s'agit de sensibiliser le public, il ne faudrait pas faire croire qu'elles sont une solution au problème. Je me souviens en 2013, au bord du lac Léman, dans un bureau de l'IUCN (Union internationale pour la conservation de la nature), nous avons inventé l'expression *to close the plastic tap*, « fermer le robinet de plastique ». L'idée était d'illustrer l'impérieuse nécessité de stopper l'entrée de plastique dans les océans, au lieu d'imaginer, tel Sisyphe, les nettoyer sans relâche. Cette pensée est d'ailleurs en accord avec l'évolution naturelle, mais trop lente, de la pensée environnementale qui tend à substituer les approches dites *end-of-pipe* – où l'on s'efforce de traiter la pollution « en bout de tuyau » – par des approches préventives d'écoconception, visant à éviter la pollution en amont. « Fermer le robinet de plastique » : aujourd'hui reprise, cette expression a fait le tour de monde ; on la retrouve comme slogan de nombreux programmes.

Parlant de nettoyage des plages et d'approche préventive de l'écologie, ma vocation environnementale s'est justement révélée lors d'une balade hivernale sur les rivages de Sylt, en Allemagne. Hébergé par une association de protection de la nature, j'avais trouvé ce jour-là outre un phoque mort, blessé par un filet, un fût de produit toxique échoué. Alertés, les responsables de l'association sont venus chercher le phoque, mais ont laissé le fût. Cela m'a beaucoup fait réfléchir. Le phoque ne polluait pas la plage, mais avait un pouvoir de sensibilisation auprès des promeneurs sur les atteintes que nous portons au milieu marin. Le fût, lui, a continué de diffuser son poison. Depuis, j'ai renoncé à une approche naturaliste de mon métier, optant pour une approche plus pragmatique et industrielle, centrée sur les causes plus que les conséquences.

Aujourd'hui, je constate que les plages touristiques sont nettoyées quotidiennement, alors que les criques sauvages et moins accessibles que j'affectionne tant sont le plus souvent criblées de plastiques. Est-ce le bon signal pour sensibiliser la population que de vouloir effacer ce plastique « visible » ? C'est de cette empreinte évidente que naît la prise de conscience actuelle. Misons que ce soit les prémices d'une mutation de nos sociétés vers plus de sobriété et de conscience dans nos modes de consommation. Avant tout, il faut fermer le robinet !

LA PROMESSE DE L'ÉCONOMIE CIRCULAIRE

On ne peut pas le nier : notre économie est encore loin d'être circulaire. Produire et consommer toujours plus en épuisant les ressources non renouvelables et en générant toujours plus de déchets dont la majorité n'est pas recyclée, n'est-ce pas une hérésie quand on vit sur une planète aux ressources limitées ?

Si l'on regarde l'évolution dans le temps du produit intérieur brut (PIB) et la production de déchets plastiques, on voit que les courbes sont parallèles. Plus on est riche, plus on pollue. Voir ces deux courbes diverger pour de bon, c'est mon rêve de consultant en environnement. Mais est-ce réalisable à grande échelle ? Les deux courbes ne vont-elles pas continuer leur ascension, vers toujours plus de richesses et toujours plus de déchets ?

La promesse de l'économie circulaire, c'est un modèle qui contrecarrerait cette tendance en décorrélant la croissance économique de la génération de déchets. Ce modèle s'inspire des cycles naturels et vise une efficacité et une circularité optimales dans l'utilisation des matériaux et des énergies. Cela passe bien sûr par la réutilisation ou le recyclage systématique des matériaux, mais pas seulement. Il s'agit également de réduire les quantités en intensifiant l'usage : utiliser plus ou plus longtemps un objet aboutira forcément à une réduction des déchets. En quelque sorte, passer de l'obsolescence programmée à la durabilité réfléchie. Enfin, l'économie circulaire prône un système régénératif basé, autant que faire se peut, sur des ressources bio-sourcées pouvant être réintégrées aux cycles naturels, par exemple par compostage.

L'exemple du photovoltaïque est parlant : aujourd'hui c'est une réalité, on peut produire de l'énergie à volonté. Le progrès technologique est incontestable, l'impact du kilowatt-heure est diminué. Attention toutefois, car si les technologies sont plus efficaces, nous en consommons toujours plus. En valeur absolue, notre impact ne diminue donc pas.

Tel Robinson Crusoé sur son île scrutant l'horizon dans l'espoir d'y distinguer un navire, il ne faut pas anticiper sur les solutions technologiques. La solution passe d'abord par des changements de comportements et par une utilisation raisonnée des ressources à notre disposition.

REMETTRE EN CAUSE LA CROISSANCE

Toutes ces lumières allumées... Elles éclairent la côte que je longe à la barre de mon voilier. Je suis seul sur la mer, mais la Terre est bien pleine. J'aime ces moments, ce sentiment de liberté. Je rêve à ces îles aux rivages immaculés, l'impression d'être le premier homme à y mettre le pied. Ce pouvait encore être vrai il y a peu de temps... le plastique nous ramène maintenant à la dure réalité. Sa trace me précède sur tous les rivages. Nous sommes de la génération qui a tout gâché. C'est marquant. Depuis que je suis né la population mondiale a plus que doublé et la production annuelle de plastique a été multipliée par 7 !

Globalement, l'équation est assez simple, c'est ce que j'appelle le TIGRE. Tout notre Impact (TI) est égal au nombre de Gens peuplant la planète (G), multiplié par la Richesse de ces mêmes gens (R), multiplié par l'Efficience environnementale des technologies qu'ils consomment (E). La population et la richesse augmentent de manière exponentielle ; si nous voulons réduire notre impact, nous ne devons donc pas nous satisfaire d'une amélioration marginale de notre efficience environnementale. Une mise à plat de notre relation à la richesse est probablement incontournable. Accepter de payer le prix pour acheter moins mais mieux. En finir avec la société de « consommation » pour démarrer la société de « qualité ».

Certains voient la réduction des emballages des supermarchés comme la solution à la plastification des mers et accusent les grandes marques de polluer les océans. Les magasins en vrac se démocratisent et les *plastic attacks*[1] se multiplient. Mais est-ce réellement l'issue pour endiguer le raz-de-marée de plastique ? Le problème est systémique et il faut l'envisager de la même manière. Réduire les emballages sans changer le système de production-consommation – local, de saison – serait probablement contre-productif, en aboutissant par exemple à une augmentation des déchets alimentaires.

Le plastique, surtout celui à usage unique, n'est qu'un des stigmates de notre société de consommation où nous voulons toujours plus, toujours plus vite pour toujours moins cher. Avec ce cahier des charges, le plastique sort clairement vainqueur. Remettre en cause le plastique, c'est aussi remettre en cause

1. Opérations menées dans des grandes surfaces par des ONG ou des associations afin de dénoncer et sensibiliser le grand public au problème du suremballage.

le fondement de notre société consumériste, se réapproprier une relation plus saine à la richesse et au temps pour faire les choses : une société où notre excédent de richesse ne serait pas utilisé pour acheter plus, mais pour acheter mieux. Il faut être clair à ce sujet : l'environnement ne doit pas être bon marché. Ce qui est bon marché, c'est la société de consommation. La qualité se paie. Nous sommes peut-être déjà trop riches. Bigre, encore un coup du TIGRE ! Il s'agit peut-être d'accepter d'allouer notre excédent de richesse pour s'offrir des produits au vrai prix de la qualité environnementale. L'Océan, lui, n'a pas de prix !

LA RESPONSABILITÉ ÉTENDUE DES ENTREPRISES

Cela dit, il ne faut pas nier la responsabilité des entreprises : un grand nombre d'entre elles mettent sciemment sur le marché des emballages pour lesquels aucune solution de collecte ni de recyclage n'est disponible. Heureusement, il semble que le changement soit en cours, à en croire le directeur packaging d'une multinationale de l'agroalimentaire qui me donnait récemment son point de vue sur le sujet : « D'ici cinq ans, aucune entreprise ne pourra plus se permettre d'omettre la fin de vie de ses emballages. La stratégie pour nous est simple : soit on écoconçoit notre emballage afin qu'il puisse être pris en charge par les filières de collecte et traitement de déchets du marché sur lequel il est vendu, soit on collabore avec les acteurs locaux pour mettre en place ces filières, soit on abandonne ce produit. » La mise en place de ces principes devrait permettre de remédier à une partie du problème dans les nombreux pays où les déchets sont mal gérés.

Mais attention aux chants des sirènes, les entreprises font aussi face à des dilemmes. Devant la pression grandissante des

ICELAND
GREAT BRITAIN
EIRE
FRANCE
EUROPE
ATLANTIC

consommateurs, elles seraient tentées de parer au plus pressé. Bannir le plastique ou le substituer par d'autres matières biosourcées n'est pas toujours la meilleure solution quand cela se fait au détriment d'autres enjeux environnementaux, comme le changement climatique ou l'érosion de la biodiversité. Cela ne simplifie pas les choses.
Il s'agit donc pour les entreprises, et selon le contexte, de déterminer lorsqu'elles doivent utiliser, réduire ou bannir le plastique en repensant leur gamme de produits et d'emballages.

ALORS, ÊTRE « ÉCOLO », C'EST QUOI ?

Aujourd'hui, protéger les océans, ce n'est plus seulement renoncer à manger certaines espèces de poissons surpêchées ou manifester contre la chasse à la baleine. La crise du plastique nous rappelle à quel point tout est interconnecté : chacune de nos actions et notre consommation quotidienne a des répercussions sur l'environnement. Chaque kilomètre parcouru en voiture contribue à l'acidification des océans ; chaque déchet plastique que nous générons peut contribuer à sa plastification.
Le plastique a des vices. Mais il a aussi des vertus. Il s'agit avant tout de l'utiliser correctement pour en tirer toute la valeur : décider quand son emploi est acceptable ou non au regard des gains d'usage ou de satisfaction. C'est là une démarche complexe à construire au cas par cas et par chacun.
En ce sens, les plastiques à usage unique ou les suremballages n'apportent le plus souvent que peu de valeur à leur utilisateur. Le plastique, qui emballe mon sandwich et que je jette quelques secondes après être sorti du magasin, n'est-il pas une aberration ? Ce paddle avec lequel je surfe depuis des années n'est-il pas plus acceptable ?

Tel est pour moi le défi de l'écologie aujourd'hui : celui du questionnement et des choix raisonnés. À chacun de trouver ses solutions.

Je n'ai jamais été motorisé, je cycle ; je peste souvent après ces véhicules qui encombrent nos villes. J'ai pourtant un ami qui a une grosse voiture de sport, symbole par excellence d'une consommation non durable. Paradoxalement, il va travailler tous les jours à vélo et utilise son bolide 2 heures le dimanche. C'est sa passion, une grande source de satisfaction. Son comportement n'est-il finalement pas plus écologique que celui de ce couple dont chacun utilise quotidiennement sa petite voiture hybride pour rejoindre le centre-ville ? Il ne s'agit pas de stigmatiser ni de se réfugier dans des solutions à l'emporte-pièce. Elles sont parfois bonnes, mais si on les suit religieusement, c'est juste pour se donner bonne conscience. S'il n'y a pas de solutions miracles universelles, certaines sont plus adaptées que d'autres. Tout dépend du contexte. Il n'y a pas d'écomatériaux, mais des matériaux plus ou moins adaptés à la fonction qu'on leur confère, au service que l'on attend d'eux. L'écologie ne doit pas forcément être punitive mais tissée de choix et de compromis intelligents.

Nous sommes 7 milliards et il n'y a qu'un seul gâteau à se partager ; la planète et les océans sont une ressource finie... On ne peut pas tous tout faire. On ne peut pas arrêter de consommer. Il faut accepter de faire des choix, parfois compliqués.

Mais ce n'est pas une raison pour baisser les bras. Certes, le populisme voudrait faire croire qu'il existe des solutions simples à des problèmes complexes ; c'est rarement le cas. C'est peut-être la raison pour laquelle l'écologie n'est pas si populaire qu'on pourrait le souhaiter.

En bref, il s'agit de désirer moins mais mieux. Être écolo peut vous paraître un peu du luxe, mais pas celui que vous croyez. Le luxe, ce n'est pas de s'offrir des vacances dans un lagon lointain. Le luxe, c'est cette petite crique préservée de notre littoral. À vous de choisir. Qu'en pensez-vous ?

ÉPILOGUE

Cet objet plastique fait pour être utilisé quelques minutes risque de flotter pendant plusieurs décennies sur les océans et de nourrir la grande soupe de plastique. Quelle anomalie dans son cycle de vie ! J'espère ne pas me réveiller dans quelques années et constater que la pollution plastique a continué, contaminant chaque goutte d'eau de l'Océan, l'air que nous respirons, nos sols et même notre sang. Je reste positif. Dans ce domaine, la solution viendra du problème, à double titre. D'abord parce que si nous avons tant de plastique dans les océans, c'est parce que le navire Terre est très peuplé. C'est la magie des grands nombres : nos actes et nos renoncements individuels peuvent avoir un fort impact lorsqu'ils sont multipliés. Si nous sommes 7 milliards à décider aujourd'hui de renoncer à l'achat d'une bouteille en PET, ce sont plus de 210 000 tonnes de plastique économisées chaque jour ; un flux déjà sept fois supérieur à la fuite actuelle de plastique dans les océans ! Ensuite, parce que la crise plastique que nous vivons aujourd'hui est unique, tant par son intensité que par sa rapidité. La pollution plastique des océans interpelle ; nous sommes tous liés à la mer. Puisse cette crise du plastique être le catalyseur de l'émergence d'une société plus circulaire et moins consumériste, portée par l'engagement durable et des choix plus conscients de chacun de nous.
Nous sommes l'équipage d'un navire dont chaque action vise à maintenir le fragile équilibre dans les voiles. Cap sur une mer sans plastique ! C'est possible car c'est indispensable.

-

PIERRE-YVES COUSTEAU

-

FONDATEUR DE L'ASSOCIATION COUSTEAU DIVERS, BENJAMIN DES ENFANTS DU COMMANDANT JACQUES-YVES COUSTEAU

-

« Pierre-Yves a lancé le projet Hermès qui a pour ambition de recueillir le maximum de données fournies par les ordinateurs des plongeurs. La science participative est pour lui le chaînon manquant entre le monde scientifique et les citoyens. L'apport de Pierre-Yves est précieux pour l'avenir et permet ingénieusement de mettre tous ceux qui le souhaitent à contribution pour comprendre et protéger l'Océan. » F. A.

NOUS SOMMES L'OCÉAN

Il était une fois une Terre qui comptait suffisamment peu d'humains pour que nous puissions considérer ses ressources comme infinies. Si nous en épuisions une, nous pouvions nous déplacer et recommencer. Il n'y avait alors nul besoin de se poser les questions que l'on se pose aujourd'hui. Bien entendu, il y a toujours eu des gens qui respectent la valeur intrinsèque de la vie et qui mettent tout en œuvre pour la respecter et vivre en harmonie avec la nature. Mais ils ont été systématiquement supplantés à travers l'Histoire par ceux qui ne partagent pas de telles préoccupations et possèdent donc l'avantage compétitif de consommer les ressources plus rapidement.

Avec plus de 7 milliards d'habitants, notre planète montre aujourd'hui ses limites face à un développement économique aveugle et boulimique. La biodiversité est en train de disparaître plus rapidement que lors de la dernière extinction de masse il y a 65 millions d'années qui a vu s'éteindre plus de la moitié des espèces d'animaux et de plantes. Chaque année, ce sont désormais des millions de gens qui meurent prématurément à cause de la pollution de l'air et de l'eau. Au rythme actuel,

nos descendants ne connaîtront pas le bonheur de se baigner dans une rivière non contaminée ou de jouer dans les vagues sans être entouré de plastiques. Ces crimes contre la nature et contre les peuples restent non seulement impunis, mais encouragés, subventionnés et parfois défendus même par les gouvernements… par tous les moyens.
À quand une déclaration des droits de la nature ? À quand la reconnaissance du crime contre la nature ? À quand un capitalisme responsable ? Le problème est de nature systémique, et sa solution ne peut pas être le fruit d'efforts individuels disparates, bien que ceux-ci soient à l'heure actuelle notre seul recours pour ralentir le désastre.

L'Océan produit plus de la moitié de l'oxygène que nous respirons et nourrit des centaines de millions de gens. C'est pourquoi, depuis 2009, avec mon association Cousteau Divers, je cherche à mettre en place des solutions innovantes pour mobiliser les plongeurs pour l'étude et la protection du milieu marin. J'ai fondé cette association au lendemain de ma remise diplôme de moniteur de plongée, pour aider celles et ceux qui aiment l'Océan à le protéger.
L'association française de sciences participatives pour les plongeurs, Cousteau Divers, a lancé un projet révolutionnaire pour l'océanographie et l'écologie marine : le Projet Hermès. Nous sommes bientôt en 2019 et la température de l'Océan à l'échelle des écosystèmes reste mal connue. Les satellites mesurent sa température de surface, mais ne peuvent la pénétrer de plus de dix nanomètres, soit l'épaisseur d'un cheveu. Un impressionnant et onéreux réseau de bouées océanographiques (ARGO) quadrille la haute mer pour en mesurer de nombreux paramètres, mais à l'échelle des côtes, là où se situe la majorité de la biodiversité marine et où les échanges avec l'atmosphère sont les plus actifs, il n'existe pas encore de plate-forme consolidée pour la mesure d'un paramètre crucial : la température.

70 % de la surface de notre planète sont couverts par un vaste Océan connecté. Aujourd'hui, cet Océan est en péril, perdant sa biodiversité à un rythme sans précédent, à cause de la surpêche, des pollutions et du changement climatique. La température de l'Océan joue un rôle majeur pour le climat de la planète, mais aussi sur la vie côtière et marine. Cette température est en augmentation constante à cause de nos rejets de gaz à effet de serre. Cependant, sa variation à l'échelle de l'écosystème demeure largement inconnue pour les scientifiques. Or il s'agit d'une information vitale dont les gouvernements, les scientifiques, les pêcheries et les organisations écologiques ont besoin afin de comprendre les changements qui ont lieu aujourd'hui, et les nouvelles menaces auxquelles fait face la vie marine.
Aujourd'hui, la science participative peut permettre de remédier à cette lacune dans notre compréhension de l'Océan. Le Projet Hermès est le premier effort planétaire pour mesurer la température de l'Océan à l'échelle de ses écosystèmes. Depuis août 2015, Cousteau Divers porte ce projet révolutionnaire, avec l'appui de la prestigieuse université du Queensland, de l'organisation européenne des satellites métrologiques EUMETSAT, et du Divers Alert Network Europe (DAN Europe), une organisation médicale et de recherche internationale à but non lucratif dédiée à la sécurité et à la santé des plongeurs, un leader dans le domaine de la recherche sur la physiologie et la science participative de la plongée.
En intégrant les températures de surface mesurées par satellite avec les données recueillies par les plongeurs sur une plateforme open source et sans but lucratif, le Projet Hermès veut révéler les températures de l'Océan en profondeur et en temps réel, partout dans le monde. Ensemble, nous espérons notamment apporter un nouvel éclairage sur l'influence de l'Océan sur le climat.
Je suis convaincu que l'humanité a besoin de ces informations afin de mieux gérer et protéger ses ressources marines,

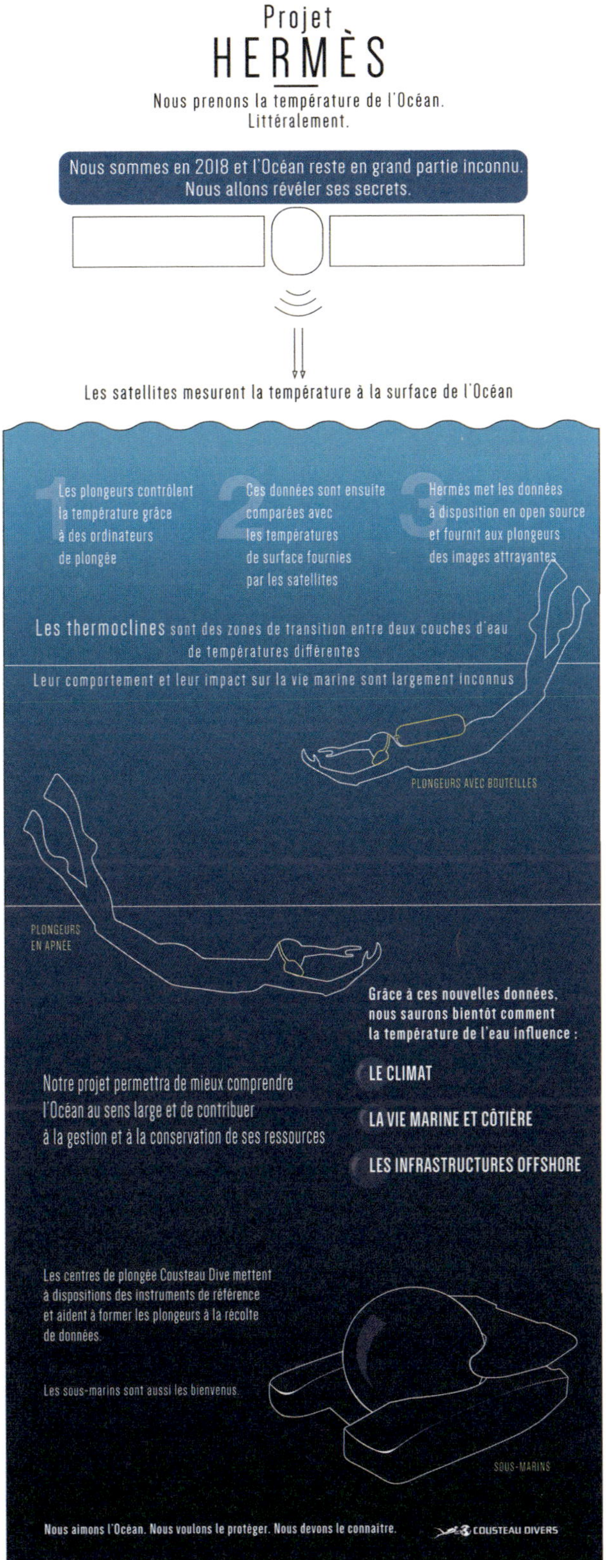

Projet
HERMÈS
Nous prenons la température de l'Océan.
Littéralement.
Nous sommes en 2018 et l'Océan reste en grand partie inconnu.
Nous allons révéler ses secrets.
Les satellites mesurent la température à la surface de l'Océan
1 Les plongeurs contrôlent la température grâce à des ordinateurs de plongée
2 Ces données sont ensuite comparées avec les températures de surface fournies par les satellites
3 Hermès met les données à disposition en open source et fournit aux plongeurs des images attrayantes
Les thermoclines sont des zones de transition entre deux couches d'eau de températures différentes
Leur comportement et leur impact sur la vie marine sont largement inconnus
PLONGEURS AVEC BOUTEILLES
PLONGEURS EN APNÉE
Grâce à ces nouvelles données, nous saurons bientôt comment la température de l'eau influence :
LE CLIMAT
LA VIE MARINE ET CÔTIÈRE
LES INFRASTRUCTURES OFFSHORE
Notre projet permettra de mieux comprendre l'Océan au sens large et de contribuer à la gestion et à la conservation de ses ressources
Les centres de plongée Cousteau Dive mettent à dispositions des instruments de référence et aident à former les plongeurs à la récolte de données.
Les sous-marins sont aussi les bienvenus.
SOUS-MARINS
Nous aimons l'Océan. Nous voulons le protéger. Nous devons le connaître.
COUSTEAU DIVERS

et nous avons trouvé un moyen de le rendre techniquement et financièrement viable. Nous allons révéler une pièce manquante critique du puzzle Océan.

À Santorin, en Grèce, nous travaillons aussi à l'établissement d'un sanctuaire marin, une initiative portée par les acteurs locaux, afin de démontrer un nouveau modèle de gouvernance pour la conservation de la nature et surtout pour tenter de laisser un endroit sur cette planète en meilleur état que nous ne l'avons trouvé. En établissant un sanctuaire marin sur cette destination très touristique, nous espérons influencer d'autres sites à intégrer la dimension écologique dans leur offre et d'autres communautés côtières à se mobiliser pour exiger de leur gouvernement qu'ils appliquent la Convention pour la Biodiversité, ratifiée en 1992, qui promet une couverture étendue des zones protégées et que nous sommes aujourd'hui encore bien loin d'atteindre.

La conservation de la nature est une solution à court terme. Si nous parvenons à protéger suffisamment de territoires sauvages sur Terre, nous pouvons assurer la survie des espèces. Cependant, la notion même de conservation implique un maintien de notre manière de produire et de consommer. Pour un développement économique harmonieux et véritablement durable, nous devons intégrer les externalités dans l'économie. D'ici là, il nous faut protéger la nature de nous-mêmes.

Quand j'étais enfant, mon père, le commandant Cousteau, aventurier et explorateur des océans, me grondait parfois pour quelque attitude ou geste ayant entraîné une conséquence malheureuse. « Je n'ai pas fait exprès ! », m'en défendais-je. Et sa réponse, toujours la même : « Tu aurais pu faire exprès de ne pas le faire. » C'est ce à quoi je m'emploie désormais en poursuivant la tradition familiale de sensibilisation afin d'améliorer la prise de conscience des enjeux marins.

-

PASCALE JOANNOT

-

DOCTEUR EN OCÉANOGRAPHIE, SPÉCIALISTE DES CORAUX ET DIRECTRICE DES EXPÉDITIONS SCIENTIFIQUES DU MUSÉUM NATIONAL D'HISTOIRE NATURELLE

-

« J'ai croisé Pascale pour la première fois dans les dédales souterrains du Muséum. Incollable sur chaque espèce que je pointais du doigt, elle m'a raconté des histoires extraordinaires. En acceptant d'apporter sa contribution à ce manifeste, cela ne m'a pas étonné que Pascale nous emporte dans un récit merveilleux. Cet extrait, tiré de son précédent livre *Méloë*, nous invite à la réflexion, un peu comme l'aurait fait un certain Jean de La Fontaine. À travers la fausse candeur de petites gouttes d'eau, la plume de Pascale nous permet de nous questionner sur la place de l'humanité dans la biosphère et sur sa capacité à vivre en harmonie avec la nature. » F. A.

-

L'OCÉAN, LIEN DE L'HUMANITÉ

-

Qu'il soit proche ou loin de nous, l'Océan est, sur tous les rivages du monde, le lien entre les hommes. Les études scientifiques permettent de continuer à progresser dans la connaissance de ses mécanismes, de sa biodiversité, de sa gestion. Aujourd'hui, nous savons tous ce que nous devons faire et ne pas faire pour gérer et protéger notre plus grand bien qui est l'eau d'abord et l'Océan ensuite. Nous nous agitons à travers les médias, à travers des programmes électoraux, à travers toutes sortes de manifestations en faveur de l'Océan et pourtant, la pollution est toujours là, la surpêche sévit encore.

J'ai eu l'occasion de naviguer en Indonésie dans les Petites îles de la Sonde, et arrivée dans l'une de ces îles à l'environnement magnifique, j'ai été particulièrement frappée par l'invasion des déchets de toutes sortes en bord de mer. Je n'ai pu m'empêcher, alors que je visitais une école, de prendre la parole devant des enfants de 9 ou 10 ans et leurs institutrices, de leur parler de la mer, de *leur* mer, jonchée de plastiques et autres déchets du quotidien, de leur expliquer pourquoi la

mer n'est pas une poubelle et comment ils pouvaient tous jouer un grand rôle, à leur niveau d'enfants, en respectant de bonnes pratiques.
Les institutrices, étonnées de cet échange, étaient enthousiastes et m'ont simplement dit que, si elles ne leur parlaient pas de ces sujets, cela leur ouvrait de nouvelles pistes éducatives. Cette petite graine fera-t-elle son chemin dans cette partie du monde ? Et faut-il aller si loin pour les semer ?
Il me semble important de faire partager de façon simple et ludique ce que nous savons aux grands comme aux enfants qui auront à gérer nos erreurs, nos insouciances et leur avenir.
C'est pourquoi, j'ai choisi de partager avec vous une partie d'un conte écologique et intergénérationnel que j'ai écrit, *Méloë, ou les fantastiques aventures d'une goutte d'eau*[1]. Méloë, née dans la forêt humide de Nouvelle-Calédonie et dont le nom est inspiré d'un mot kanak signifiant « goutte d'eau », est assoiffée de découverte. À la fois enjouée, naïve, sensible et joueuse, elle rencontre Vaïmata, autre goutte d'eau née d'une larme évaporée dans un nuage puis devenue pluie et tombée dans le lagon, tout aussi sensible qu'elle, et également philosophe, sage, savante, patiente.
Je vous propose donc de partir, en compagnie de mes gouttes d'eau, à la découverte du corail, cet inlassable bâtisseur des plus grandes bioconstructions de la planète que sont les récifs coralliens si malmenés par la tourmente climatique et anthropique.

Le maçon des tropiques

Les gouttes d'eau glissent dans le courant calme du lagon. La vie s'agite toujours autant autour d'elles. Elles passent entre les coraux.

1. Solaris, 2015.

« Toi aussi, tu es une minuscule anémone ? », interroge Méloë arrêtée à proximité de la branche bleue d'un corail d'Acropora.
« Ah non, je suis un polype de corail, mais tu as raison, moi aussi ma bouche est ornée d'une couronne de tentacules et je ressemble à une minuscule anémone, mais moi, j'ai un squelette, comme tous les autres polypes qui m'entourent sur cette branche de corail.
– Tu es fait de baguettes de Mikado ?, demande Méloë qui se souvient avec plaisir de ce que les éponges lui avaient appris sur leur squelette.
– Non, pas du tout, notre squelette est fait d'aragonite. Cette matière est fabriquée à partir du calcium que tu transportes, répond Acropora.
– Mais comment fais-tu pour nous en débarrasser ?, répond Vaïmata, très intéressée par cet animal par lequel elle peut devenir encore plus légère.
– Tu nous feras faire du toboggan ? », coupe Méloë, émoustillée à l'idée de revivre ce qu'elle avait vécu avec les éponges ou les ascidies.

Favia, un vieux corail en boule qui se trouve à proximité d'Acropora le corail en branche, est habitué à ces flots de questions que les gouttes d'eau, découvrant le monde corallien, posent sans cesse.
Comme un chœur bien expérimenté, les polypes de la colonie de corail expliquent à tour de rôle qui ils sont. Il leur arrive parfois de répondre tous ensemble aux deux curieuses qui réalisent alors combien les milliers de petits polypes de la colonie sont solidaires.
« Non, vous ne ferez pas de toboggan avec nous ; si nous étions une entreprise de loisir, ce ne serait pas pour vous, les gouttes d'eau, mais plutôt pour

les humains. Ils n'en sont pas conscients, mais sans nous, une grande partie de l'économie des humains s'effondrerait. »
Méloë, qui ne sait absolument pas ce qu'est l'économie, trouve ce polype bien présomptueux.
Mais Vaïmata qui, de son nuage, avait eu l'occasion d'observer la fourmilière humaine et d'écouter d'autres perles d'eau, savait qu'une partie des loisirs des humains était de s'immerger et de se promener sous l'eau à la rencontre des habitants des cités coralliennes.
« Il a raison, Méloë, dit-elle, les coraux sont à l'origine de grandes activités humaines comme la pêche et ce qu'ils appellent le tourisme.
– Tout cela est bien compliqué, dit Méloë, je sais ce qu'est la pêche, car Scylla, le crabe de palétuvier, a failli en être victime lorsque j'étais dans la mangrove, mais le tourisme, je ne sais pas du tout ce que c'est. Est-ce que c'est aussi dangereux pour les habitants de la mer ?
– Pas toujours, mais bien souvent. C'est assez dangereux pour les coraux, car lorsque les humains plongent, ils sont émerveillés par les couleurs et par la vie qui règne chez nous, mais ils ne prêtent pas attention à nous, dit un autre polype, et ils nous cassent en s'appuyant sur nous, en donnant de grands coups de palmes, en nous cueillant comme souvenir ou pire encore lorsqu'ils nous jettent dessus les ancres de leurs bateaux ou des produits drôlement douloureux pour nous.
– Ah oui, le tourisme, c'est casser du corail, dit Méloë, réductrice dans sa déduction.
– Non, le tourisme est une activité de découverte du monde, un peu comme nous le faisons ensemble, dit Vaïmata, mais nous, nous avons le temps devant nous ;

alors que les humains programment, pour ceux qui peuvent, la découverte de la planète à des périodes fixées à l'avance, car avant et après ces périodes, la majorité d'entre eux sont obligés de travailler pour gagner suffisamment d'argent pour se nourrir, se vêtir, se loger et se distraire. Parmi ces distractions, les humains aiment voyager dans différentes parties de la Terre qu'ils ne connaissent pas. Certains vont visiter des lieux où il y a peu d'humains et explorent la nature, d'autres préfèrent aller à la rencontre d'autres fourmilières humaines dont les habitudes, les façons de penser, de faire, de croire, de rêver sont différentes des leurs et ils en apprennent ce qu'ils appellent la culture. Certains respectent tout ce qu'ils ne connaissent pas et d'autres non. Ceux qui viennent plonger dans les récifs coralliens sont parfois irrespectueux de ce monde parce qu'ils ne le connaissent pas et donc ils font des dégâts. S'ils savaient que pour atteindre le diamètre que nous faisons aujourd'hui il a fallu plus de temps qu'une vie d'humain, ils auraient autant de déférence envers nous que ce qu'ils ont avec leurs vieux sages », disent en chœur tous les polypes de Favia dont le diamètre atteint plus d'un mètre et qui connaissent grâce aux bavardages d'anciennes gouttes d'eau une partie du comportement terrestre des humains.

Vaïmata, qui a de la suite dans les idées, reprend différemment la première question qu'elle avait posée à Acropora : « Comment fabriquez-vous votre squelette ? »

Un polype répond : « C'est assez complexe. Nous vivons en association parfaite avec, à l'intérieur de notre chair, de minuscules algues, les zooxanthelles, qui nous aident à prendre le calcium que vous transportez. Nous le transformons en squelette calcaire tout autour de nous comme des tours protectrices. Nous sommes à la fois des maçons et des dentellières perpétuels, car non seulement nous bâtissons nos squelettes, mais nous le faisons avec beaucoup de délicatesse. Au lieu de construire une simple tour ou un tube calcaire lisse, nous le décorons d'une série de cloisons dont les bords sont dentelés, crénelés ou lisses, épais ou fins, selon l'espèce de corail que nous sommes. C'est, entre autres, en fonction de la forme de nos cloisons que les scientifiques humains nous donnent un nom et nous rangent dans leur grand classeur de la vie qu'ils appellent du nom compliqué : la taxonomie.

La construction de cette tour est couplée à celle d'un plancher qu'on édifie au fur et à mesure qu'on "grimpe" dans notre forteresse.

– Ah bon, dit étonnée Méloë, vous n'êtes pas aussi long que la hauteur de la colonie ?

– Non, nous habitons, en réalité, le dernier étage de l'immeuble et nous désertons régulièrement les étages du dessous. Nous grandissons très lentement et lorsqu'une colonie meurt, il ne reste plus de nous que le squelette minéral, répond le polype.

– Vous n'êtes vivant qu'en surface alors ?, reprend Méloë.

– Oui, c'est ça, nos polypes restent en surface. Et nous, les coraux en boule, les plus grands et les plus vieux, nous sommes précieux pour les hommes, car nous grandissons très lentement et nous emprisonnons dans notre squelette le témoignage de la météo du moment. Lorsque la température de l'eau est chaude, nous pouvons prendre plus de calcium pour le squelette et lorsque l'eau est plus fraîche nous "calcifions" moins vite. C'est en faisant ce qu'ils appellent un "carottage",

c'est-à-dire une perforation, et en prélevant une colonne de notre squelette, que les humains peuvent, en lisant dans notre squelette, expliquer les variations du climat d'il y a quelques siècles, répond-il.
– Si les algues avec lesquelles vous êtes associés vous aident à faire votre squelette, est-ce que vous leur donnez quelque chose en échange ?, demande Vaïmata.
– Oui, bien sûr, elles nous sont si précieuses que nous entretenons le plus courtoisement possible notre relation. Cette vie en commun, qui est une symbiose, est essentielle pour les constructeurs de récifs que nous sommes. Lorsque nous capturons du zooplancton, grâce à nos tentacules garnis de cellules urticantes...
– Ah mais vous êtes des cnidaires, vous aussi ?, interrompt Méloë, qui se sent alors en terrain connu, elle qui avait déjà rencontré une anémone de mer.
– Oui, en effet, répond-il avant de poursuivre son explication, la digestion de nos proies donne lieu à la production de déchets qui sont utilisés par les algues. Comme tous les végétaux, les algues pratiquent la photosynthèse, c'est-à-dire qu'elles utilisent l'énergie du soleil, l'eau et le gaz carbonique pour fabriquer de la matière vivante et rejeter de l'oxygène. Elles produisent, grâce à cette fonction photosynthétique des matières qui sont des sucres et que nous utilisons comme source d'énergie.
– On échange aussi des gaz essentiels pour notre vie, continue un autre polype. Lorsque nous respirons, nous prenons l'oxygène de l'eau, nous rejetons du gaz carbonique et nous le donnons en partie aux algues, et nous aussi, nous utilisons en partie l'oxygène qu'elles rejettent dans la journée.
– En fait, vous êtes des usines à gaz !, lance Vaïmata.

– C'est incroyable, et en plus vous racontez la météo du passé et votre mariage animal-végétal donne du minéral ! », complète Méloë, admirative.

Les deux gouttes, comme toutes celles qui ont écouté les explications des polypes, sont très intriguées par cet étrange animal, si minuscule et capable de construire ces magnifiques cités coralliennes multicolores, abritant une vie foisonnante.
Avec une grande soif de connaissance, nos deux gouttes d'eau, Méloë et Vaïmata, vont poursuivre leurs aventures au gré des courants et vont, ensemble, parcourir les lagons et récifs, puis un jour, découvrir la vie citadine et le corps humain, et elles feront réfléchir à ce bien précieux qui nous constitue : l'eau.
Pour le moment, je vous invite à remonter en surface et à vous rappeler que chacun à son niveau, un peu comme nos deux gouttes d'eau, peut agir en faveur d'une meilleure connaissance et d'une meilleure gestion de l'Océan.

À l'échelle de la France, grâce aux collectivités d'outre-mer dont il faut souligner la mosaïque des cultures et des identités des populations, nous avons la chance et la responsabilité d'être un grand pays maritime. Deuxième pays au monde pour sa zone économique exclusive (ZEE), la France, avec 5 000 km linéaires de récifs coralliens et 55 000 km^2 de récifs coralliens et de lagons situés dans les trois océans tropicaux, est aussi le quatrième pays au monde pour ses récifs coralliens après l'Indonésie, l'Australie et les Philippines. C'est pourquoi, en 1999, à l'issue de sa première présidence du secrétariat de l'Initiative internationale pour les récifs coralliens, la France s'est engagée en faveur d'une gestion durable des récifs coralliens et écosystèmes associés en créant l'Initiative française pour

les récifs coralliens, l'IFRECOR. Cette initiative, sous la tutelle des ministères en charge des outre-mer et de l'écologie, est pionnière dans son mode d'organisation transversale et collégiale. Elle mobilise des parlementaires, des scientifiques, des collectivités, des administrations centrales, des associations, des professionnels de la mer autour d'une même cause, de l'océan Atlantique au Pacifique, en passant par l'océan Indien.
Il est indispensable d'encourager la recherche française dans le domaine des récifs coralliens, tout en ayant à l'esprit que les questions de recherche outre-mer doivent faire l'objet d'approches spécifiques et valorisantes pour chacune des collectivités ultramarines car il faut se souvenir que l'outre-mer ne peut pas être compris au sens global comme on peut le faire en métropole, souvent tout simplement par facilité.
Les orientations en matière d'environnement, de développement durable, d'enseignement supérieur, de recherche et d'innovation doivent tenir compte des caractéristiques identitaires et statutaires des collectivités d'outre-mer.
Pour les populations ultra-marines, la question du lien à la mer, n'est pas une vue de l'esprit. Leurs actions en faveur de la mer peuvent être des exemples et même des moteurs pour notre vieille Europe en termes d'organisation et d'initiative. Pour prendre l'exemple du Pacifique, pensons à toutes les initiatives conduites en vue d'inscrire au patrimoine mondial de l'Unesco une partie des récifs coralliens de Nouvelle-Calédonie – inscription dont nous fêtons le dixième anniversaire en 2018. Citons également le plan « mangrove » à Wallis-et-Futuna ou encore l'invention et la création par la Polynésie française des aires marines éducatives, sans oublier la précieuse culture du consensus et des palabres, très importante dans le Pacifique et qui peut résoudre bien des problèmes.
Les populations d'outre-mer sont particulièrement réceptives aux enjeux d'une bonne gestion de la mer et de la biodiversité

en général, car elles ont encore un lien sacré à la nature, des connaissances ancestrales sur son utilisation raisonnée.
La richesse des savoirs traditionnels mêlés à une connaissance scientifique fine peut leur permettre de réussir, en favorisant l'émergence sur leur territoire de nouveaux métiers liés à la mer, le pari consistant, à concilier, en même temps, le développement économique, la connaissance et la gestion de la mer.

-

HENRI LANDES

-

**COFONDATEUR DE L'ASSOCIATION CLIMATES,
MAÎTRE DE CONFÉRENCES À SCIENCES PO
ET DIRECTEUR DE LA FONDATION GOODPLANET**

-

« Henri en est convaincu : pour protéger les océans et la biodiversité, il faut penser avant tout à l'humain. Nous pouvons inventer un monde où nous pourrions réduire les inégalités sociales grâce à la restauration des écosystèmes. Sa fondation œuvre pour préserver le patrimoine naturel et ainsi créer de l'activité économique qui bénéficie à la population locale. » F. A.

QUAND L'OCÉAN NOUS RÉAPPREND L'ÉCONOMIE

J'ai grandi à San Francisco. Ocean Beach, la plage principale qui accostait la ville, était pour moi un havre de paix. On n'y trouvait pas le soleil ni le sable chaud de Los Angeles. Au contraire, ce sont la brume et le froid qui faisaient le charme de ce bord de mer. Mieux valait bien se couvrir lors des balades ou des courses à pied le long de ces dunes romantiques de la Californie du Nord. Les surfeurs suscitaient mon admiration. Car l'océan Pacifique est un animal féroce, agité, qui pardonne peu. Chaque année, au moins un nageur se noie dans les vagues musclées qui s'agrippent à cette plage. Les surfeurs se vantent souvent d'avoir aperçu l'ombre noire d'un requin blanc. Une de mes connaissances a même une fois été renversée de sa planche par un squale. Cet océan, avec son eau sombre et son bourdonnement constant, dégageait une impression de force incommensurable. De vie sous-marine implacable. De grandeur infinie. Lorsque j'étais enfant, j'ignorais que nous étions en train de vider l'Océan de ses poissons pour le remplir de plastique. J'ignorais que la température de l'eau augmentait, que les récifs coralliens se dégradaient. Que les requins n'étaient guère des

prédateurs de l'humain et qu'au contraire c'était eux qui disparaissaient. J'ignorais que nous nous comportions de façon si irresponsable vis-à-vis de cet Océan nourricier, que nous étions en train de le fragiliser.

L'Océan recouvre près des trois quarts de la surface du globe. Il est si grand que nombreux sont ceux qui pensent ne rien pouvoir faire pour le protéger. De plus, l'Océan a une autre particularité par rapport aux autres écosystèmes : on le connaît mal. Son immensité et surtout sa profondeur – en moyenne 3 800 mètres – ne facilitent pas les choses. Ce que l'on ne connaît pas non plus très bien, c'est l'impact que l'humain a sur lui. La destruction d'une forêt, par exemple, se perçoit bien plus facilement que celle du phytoplancton. Ses profondeurs invisibles pour la plupart d'entre nous constituent son talon d'Achille en ce qu'elles contribuent à l'occultation des problèmes. Dans ce contexte, comment donner du sens aux bonnes pratiques, aux petits gestes de recyclage ou de consommation responsable, quand on est un individu parmi 7 milliards dont les comportements ont des conséquences, directes et indirectes, pour l'Océan ? Pourtant, ce n'est que par l'action de chacun qu'il est possible de changer la donne : d'une part, on contribue à la préservation de l'Océan dès lors que l'on consomme des produits moins polluants (sans emballages, sans produits chimiques, ayant nécessité peu ou pas d'énergie fossile) et locaux ; d'autre part, lorsque les individus participent à des projets sur leur territoire qui combinent préservation de l'Océan et activité économique locale, les solutions sont appliquées de manière pérenne.

Les principales causes de la dégradation de l'Océan, nous les connaissons : ce sont la surpêche, l'aquaculture à grande échelle, la pollution par les déchets, le changement climatique, sans oublier la destruction physique directe et la pollution sonore

par les différentes infrastructures et les bateaux à moteur. Le facteur commun à tous ces problèmes, *a fortiori* aux premiers, est le commerce international et la mondialisation économique. Pêcher ou élever des fruits de mer en quantités industrielles avant de les transporter puis de les vendre massivement loin de leurs lieux de vie ou de production est une des grandes pressions que nous exerçons sur l'Océan – ce qui est paradoxal, quand on pense que c'est l'Océan qui a permis à l'humain de développer le transport de marchandises et ainsi de mondialiser l'économie.
Cette mondialisation économique a poussé au développement de pratiques de pêche très néfastes pour la vie marine. Sans vouloir trop généraliser, il est évident que la pêche au chalut avec grands filets, la pêche à la palangre[1], la pêche à l'explosif, ou encore la pêche électrique sont des pratiques non sélectives qui œuvrent inlassablement à la destruction du vivant et, à terme, nuisent à l'activité économique et les emplois qui vont avec. À l'inverse, une pêche artisanale, à la ligne, qui respecte les limites des captures recommandées par les scientifiques, est une solution tout à fait respectueuse de la nature et suffisante pour nourrir l'humanité. Elle est aussi nécessaire car le poisson est la seule source de protéines pour une grande partie de la population dans les pays en voie de développement et sur les îles.
Pour celles et ceux qui ont la chance de pouvoir consommer ce que bon leur semble, nous avons désormais la responsabilité de refuser d'acheter ce qui est pêché ou élevé dans des conditions insoutenables. Ce faisant, nous aurions collectivement un effet immense sur la préservation de l'Océan. Si nous ne mangions que des poissons pêchés à une distance limitée, de manière artisanale, en respectant la variété de la chaîne alimentaire, nous enverrions un grand message d'amour à la mer. D'ailleurs, pourquoi ne sommes-nous pas aussi attentifs au poisson, aux espèces,

1. Pratique qui consiste à laisser errer dans l'eau sur une longue durée, sans attention du pêcheur, une ligne avec plusieurs hameçons, permettant plusieurs captures à la fois, sans sélectivité.

à sa méthode de pêche qu'à la viande que nous consommons ? Force est de constater qu'il est de plus en plus en vogue de vouloir connaître l'origine géographique de l'animal ainsi que la méthode d'élevage de la viande consommée, ce qui oblige le monde agricole à évoluer positivement. Sans l'exigence du consommateur sur le poisson, la surpêche a de beaux jours devant elle.

Pourtant, il est possible d'y mettre fin et de laisser l'Océan se régénérer. Selon *Brut*[2], si les humains disparaissaient, les effets de deux siècles de surpêche seraient réparés en seulement soixante ans. C'est-à-dire que, dans quelques décennies seulement, une grande partie de la biodiversité marine que nous avons détruite serait régénérée. Selon moi, c'est une formidable nouvelle, car cela signifie qu'en prenant soin de l'Océan, celui-ci peut maintenir ses ressources.

La pêche est la dernière forme de « cueillette sauvage » à grande échelle. Il est évident que si elle doit exister demain, il nous faut la réadapter au fonctionnement des écosystèmes marins. Or la pêche et l'élevage ne pourront perdurer que s'ils sortent du cadre de la concurrence internationale. La vente de produits de la mer, qu'ils soient pêchés ou élevés, doit en priorité se faire à l'échelle locale. Pour que les ressources marines soient préservées mais aussi utiles pour les humains, ce sont les populations locales qui doivent déterminer les besoins, et non pas les entreprises internationales de la pêche et de l'agroalimentaire. C'est ce qu'illustrent les nombreux projets menés par des collectivités locales, en collaboration avec des fondations, des associations et surtout des citoyens.

Un exemple probant est celui du projet de l'installation d'aires marines protégées dans la région de Bahoi, dans le nord-est de Sulawesi en Indonésie, piloté par notre fondation GoodPlanet et par plusieurs associations et collectivités locales. Dans les

2. *Brut*, « La Terre sans les humains, ça donnerait quoi ? », 24 août 2017, www.youtube.com/watch?v=l3zyPuV73cw

années 1990, la pêche industrielle et l'aquaculture ont connu un redoutable essor en Asie du Sud-Est, qui ont nui à la biodiversité marine de la région et entraîné une perte importante de sa population de mangrove. Véritables arbres marins, à la lisière entre la terre et l'eau, les mangroves sont essentielles à la vie sous-marine. Elles abritent des milliers d'espèces, absorbent le carbone et constituent un rempart naturel contre les tsunamis et les typhons. Autrement dit, les mangroves sont un élément clé pour l'économie locale, pour l'environnement, mais aussi pour l'atténuation des effets du changement climatique et l'adaptation à ce dernier. En même temps qu'il a détruit la biodiversité marine, le développement massif de la pêche et de l'aquaculture intensives en Asie n'ont pas permis d'instaurer de modèle économique durable. Dans certains territoires d'Indonésie, les mangroves étaient si abîmées et l'écosystème marin si dénaturé que 80 % des bassins d'élevage ont été abandonnés faute de ressources. Vulnérable aux conséquences du changement climatique, et comprenant que l'élevage et la pêche intensives n'étaient pas justifiés, la communauté de Bahoi a reconnu l'opportunité d'un changement de modèle. En travaillant avec des associations locales et avec notre fondation, elle a décidé d'instaurer une aire marine protégée qui à la fois interdit les pratiques de pêche néfastes (la pêche à l'explosif, notamment) et préserve la mangrove. La bonne gestion du patrimoine naturel de l'île a permis le développement d'un écotourisme (centré autour de la découverte de la nature, la plongée, la vente de biens artisanaux...) au bénéfice unique des communautés locales. Ce modèle a fortement inspiré les régions voisines, telles que l'île de Bulutui qui a mis également fin à la pêche à l'explosif pour recentrer son activité économique sur la gestion durable et la protection de son propre espace marin[3].

---

3. Fondation GoodPlanet, projet Time for the Planet, www.goodplanet.org/fr/time-for-the-planet-lancement-officiel-des-projets-en-indonesie/

Relocaliser l'économie, en incluant dès le départ les associations et la population, n'est pas simplement moral. Ce faisant, il y a aussi plus de chances que l'activité qui émerge soit en même temps soutenable sur le plan écologique et rentable pour la communauté sur le plan économique. Alors que l'élevage et la pêche intensives, destinés notamment à l'exportation, détruisaient leur environnement et leurs emplois, la conservation de la biodiversité contribue à ramener la petite pêche et le tourisme.
C'est pourquoi nous pouvons affirmer que les plantes et les espèces marines ont plus de valeur vivantes que mortes. Afin d'empêcher la pêche intensive de saumon, le North Atlantic Salmon Fund, organisation à but non lucratif islandaise, en association avec le principal syndicat de pêche du Groenland, a racheté les licences des pêcheurs autour des îles Féroé et les a accompagnés dans leur reconversion professionnelle. Ce faisant, ils ont mis fin aux captures excessives de saumons et permis à ces espèces migratrices de rejoindre les rivières de leur naissance pour se reproduire, notamment en Islande. Avec le retour des saumons dans leurs rivières, les habitants et touristes en Islande pouvaient continuer la pêche de loisir, avec remise à l'eau[4], une activité très lucrative dans le pays. Autrement dit, une approche économique qui préserve le vivant en a supplanté une autre qui le détruisait.

Les fondations sont de formidables leviers pour mener à bien de tels projets de transformation. Elles travaillent avec les associations locales, sans lesquelles les projets n'ont aucun sens. Elles offrent également un regard extérieur et une expertise internationale d'autant plus cruciale que l'Océan reste en grande partie inconnu, jouant ainsi un rôle de témoin des bonnes pratiques et des solutions qui existent.

---

4. La pêche avec remise à l'eau (« *catch and release* ») ne tue pas les poissons.

Chacun d'entre nous peut soutenir ces acteurs de la société civile, aussi bien en les rejoignant qu'en consommant de manière responsable et heureuse, et ce quel que soit le lieu où l'on vit. C'est à San Francisco que la grandeur de l'Océan m'a émerveillé. C'est à Bahoi que des solutions concrètes m'ont inspiré. Et c'est dans mon quotidien, que je sois en ville, en montagne ou sur le littoral, que je suis engagé.

-

FANNY REY

-

CHEFFE ENGAGÉE

-

« Très tôt attirée par la cuisine, Fanny Rey décide à 15 ans de faire de sa passion son métier. Elle officie dans les plus grandes maisons avant d'ouvrir son propre restaurant à Saint-Rémy-de-Provence en 2012. Fanny brille aujourd'hui dans son auberge, entourée d'une équipe jeune, dynamique et passionnée. Lorsqu'elle noue son tablier, c'est avec l'intime conviction que "l'estomac de ses clients est un outil de lutte pédagogique". Protéger la nature et les océans qui lui fournissent sa matière première, c'est aujourd'hui sa responsabilité et celle de l'ensemble les métiers de bouche. » F. A.

-

SOYONS LES ACTEURS DU CHANGEMENT

-

Je suis une cheffe. J'ai grandi comme femme dans un métier « réservé aux hommes ». J'ai grandi comme mère dans un univers « incompatible avec une vie de famille ». J'ai grandi comme propriétaire de mon auberge, là où j'aurais pu me satisfaire d'être salariée. Mais je ne connais pas de défi plus difficile à relever, aujourd'hui, que celui de la préservation des océans.

J'ai été femme de chambre le matin, cheffe à midi et le soir, réceptionniste toute la journée. J'ai souri aux clients même lorsque j'étais si fatiguée que je ne sentais plus mes mains ni mes jambes. J'ai attendu avec angoisse mes premiers avis sur TripAdvisor. J'ai pleuré le jour où j'ai reçu ma première étoile au *Guide Michelin*. J'ai pleuré à nouveau quand ce même guide m'a nommée « Femme chef de l'année 2017 ». Je sais ce que je dois à tous les grands chefs dont j'ai croisé la route, qui m'ont tant aidée et inspirée. Je remercie tous les jours mon mari, Jonathan, que j'ai rencontré au Ritz, où il était jeune chef pâtissier, et qui m'accompagne dans cette aventure. Je remercie ma brigade, que j'ai recrutée avec soin et dont je suis si fière.

Mais je sais aussi que le plus grand « merci » qu'un chef doit aujourd'hui, il le doit à la nature.

Nous l'avons tous senti, nous l'avons tous appris, nous en avons tous pris conscience. Notre monde, celui de notre génération de chefs, est un monde fini. L'Océan n'est pas inépuisable et notre héritage est celui de la rareté. Notre héritage est celui de l'épuisement des ressources.
À *L'Auberge de Saint-Rémy*, à Saint-Rémy-de-Provence, nous partageons tous le même engagement. Nos clients viennent avec le guide rouge sous le bras, mais aussi avec leur conscience. Ils viennent avec leurs questions et avec leurs convictions. Ils nous poussent à nous interroger, à nous remettre en question. Que faisons-nous pour changer les choses ? Que faisons-nous *vraiment* ?
Nos clients nous le disent souvent : les restaurateurs sont des acteurs très importants de l'environnement. Nous avons le pouvoir d'éduquer, ou de rééduquer, en donnant l'exemple. Surtout, nous avons le pouvoir de dire « stop ». Oui, nous pouvons continuer à pêcher, mais sans mettre en danger les océans. Oui, il est impératif de laisser aux poissons le temps de se reproduire et à l'écosystème marin de se régénérer. Oui, opter pour une pêche responsable, pour une alimentation durable, est essentiel pour l'avenir de la planète. Oui, notre responsabilité est engagée. Et non, nous ne pouvons plus nous défiler. En tant que restauratrice, en tant que mère, je le sais. À *L'Auberge*, nous avons adopté quatre gestes simples, que chacun peut répliquer au quotidien.

#1 Le choix des matières premières est notre priorité

Opter pour une pêche économiquement responsable, pour une alimentation durable, est essentiel pour l'avenir de la planète. Nous faisons d'abord attention aux poissons d'élevage étrangers,

qui sont nuisibles pour l'environnement et pour la santé. Vous seriez horrifiés devant la liste des toxines présentes dans la nourriture des poissons d'élevage ! Pour vous donner un exemple, l'un des principaux aliments qui leur sont donnés, sachez-le, ce sont les excréments de poulets... Sans compter les restes des abattoirs, hautement concentrés en antibiotiques, ainsi qu'en pesticides. L'estomac de nos clients est un outil de lutte écologique. Ne leur faisons pas avaler n'importe quoi.

#2 Une bonne assiette est une assiette responsable

Il faut réduire notre pêche et ne pas surconsommer les espèces les plus menacées, comme le thon rouge, le bar, le turbot ou le saint-pierre. Nous sommes en état d'urgence écologique. Nous devons impérativement consommer en fonction des saisons. Les bars pêchés en pleine reproduction sont des proies faciles : ils se regroupent pour former des bans pour se reproduire plus efficacement... et c'est ce moment que choisit un énorme chalutier pour passer et capturer un maximum de poissons. Et tuer littéralement leur avenir. Ce type de pêche doit être sanctionné. En attendant, à notre échelle, nous pouvons déjà dire « non » aux fournisseurs qui nous les proposent.

Pendant les fêtes de fin d'année, délaissons les crustacés qui sont alors en pleine période de reproduction, et optons plutôt pour la coquille Saint-Jacques, dont c'est la saison. Et en quantités raisonnables, parce que si ce coquillage très apprécié est encore disponible, c'est que nous respectons strictement les quotas. C'est un bon exemple d'une pêche durable et centrée sur la préservation des ressources.

Il est de notre responsabilité de privilégier la pêche artisanale et les méthodes les moins destructrices, plutôt que les gros chaluts dont les méthodes sont désastreuses pour les écosystèmes marins et qui sont en grande partie responsable de la surpêche, et donc de la diminution des stocks de poissons.

#3 Chaque geste compte

Nous pouvons aussi limiter l'utilisation de produits chimiques et la production de déchets dans nos restaurants. Notre objectif doit même être un restaurant « zéro déchet », où tout serait recyclé.
On le sait peu, mais 80 % de la pollution des océans vient de la terre. Elle vient de nous. Pas des marées noires ni des « dégazages » sauvages. La vie aquatique dépend, par exemple, directement de la quantité de plastique que nous utilisons, dont la plupart se retrouvent dans les océans. Les effets de la pollution au plastique sont dévastateurs. Le problème est même devenu mondial.
Réduire les déchets, limiter nos rejets de plastiques et de produits chimiques, relocaliser et « resaisonnaliser » le système alimentaire, de la production à la consommation, utiliser des produits locaux, de qualité... Telles sont les clés d'un achat responsable.
Nous pouvons cuisiner des poissons sauvages, et délicieux, comme le mulet, le lieu jaune, les sardines, le pageot... On compte entre dix-sept et vingt-deux races de poissons abondants, avec une grande qualité nutritionnelle, qui se reproduisent très vite et très bien. Des variétés qui, par ailleurs, ne coûtent pas très cher.
Sans compter les poissons d'eau douce, comme le brochet, la carpe, la sandre – ah, la sandre... – ou le silure. On en compte près de quarante variétés ! Et elles sont quasiment toutes sous-utilisées.

#4 Un chef doit cultiver son jardin

Les cuisiniers doivent redevenir des jardiniers. En ville, grâce aux nouvelles cultures urbaines, et à une myriade de start-up et d'initiatives locales, on peut cultiver son jardin pratiquement n'importe où. Sur un toit, dans une cave, dans un appartement...

Tout devient envisageable pour garantir à nos clients une alimentation saine et de qualité. J'ai même rencontré un chef de palace qui fait pousser ses salades dans un semi-remorque, grâce à l'hydroponie. Il en produit tellement, et de tellement bonne qualité, qu'il a commencé à en vendre aux autres restaurants de sa région !

Nous avons abusé des ressources de notre planète. À nous de remettre le légume au centre de notre alimentation, de diversifier nos assiettes, pour penser une cuisine d'avenir. À nous de redevenir les jardiniers que nous n'aurions jamais dû cesser d'être. À nous de promouvoir une cuisine saine et naturelle. Pourquoi ne pas aussi revenir vers les vieux légumes, les anciennes céréales, que nous avons mis à l'écart, et les réintroduire dans notre alimentation ? Et pas seulement à des fins marketings.

Chacune de nos petites actions a de grands effets sur la biodiversité. Créons des millions d'« effets papillon » en faveur de l'environnement. Nous pouvons, à notre échelle, contribuer à limiter la destruction de la planète, et même à inverser la tendance.

Je le dis à mes confrères cuisiniers et cuisinières, chefs et cheffes : revenons à la réalité. Cette démarche est d'une importance cruciale pour notre propre survie. Les océans produisent près d'un tiers de l'oxygène que nous respirons, et font circuler la chaleur permettant de réguler le climat, nous sommes donc tous concernés. Les chefs doivent passer à l'action !

-

FRANÇOIS GEMENNE

-

SPÉCIALISTE DES QUESTIONS DE GÉOPOLITIQUE DE L'ENVIRONNEMENT ET CHERCHEUR À L'UNIVERSITÉ DE LIÈGE

-

« Les recherches de François sont essentiellement consacrées aux migrations et aux déplacements de populations liés aux changements de l'environnement, notamment aux catastrophes naturelles, ainsi qu'aux politiques d'adaptation au changement climatique. Son analyse est précieuse, car elle soulève la question d'un vide dans le droit international pour toutes les populations qui seront contraintes de se déplacer en raison de la disparition de leur habitat. Il montre à quel point les hommes sont liés par un destin commun et que l'insularité, en réalité, n'existe pas ! » F. A.

LES ÎLES NE SONT PAS INSULAIRES

Ma relation avec les océans est assez différente, je crois, de celle qu'entretiennent les autres contributeurs de cet ouvrage. Je nage mal (vraiment très mal), la plongée sous-marine m'effraie un peu, et les courses de bateaux à voile m'ennuient profondément. Désolé. Chacun son truc. Je reconnais pleinement l'exploit sportif ; c'est juste que je ne trouve pas que ce soit un sport particulièrement télégénique, la voile. Je sais ce que vous allez me répondre : personne ne m'oblige à regarder. C'est vrai. Et mon premier contact avec *Thalassa* remonte à une chanson de Vincent Delerm, « Tes parents », qui tournait beaucoup à la radio il y a une quinzaine d'années. Il y expliquait être prêt à tout pour plaire aux parents de sa copine, y compris à caresser leur chien dégueulasse, à supporter toute la *Traviata* et même à regarder *Thalassa*. La chanson est très drôle. Autant dire que je n'avais jamais vraiment regardé l'émission jusqu'à ce que celle qui nous a réunis pour cet ouvrage ne se décide à la présenter. Aujourd'hui, les radios ne passent plus guère les chansons de Vincent Delerm. C'est dommage, parce qu'il fait toujours de très jolies chansons. Je me demande ce qu'il pense de *Thalassa*, aujourd'hui.

Bref. Je n'ai pas le mal de mer, c'est déjà ça. C'est dire si je me sens un peu intrus au milieu des contributeurs de cet ouvrage, et pas seulement parce que je suis beaucoup moins connu que la plupart d'entre eux. Bon, je ne déteste pas les océans non plus ; j'aime bien partir en vacances à la mer, comme tout le monde. Enfin, comme tout le monde... Je connais des gens qui préfèrent les vacances à la montagne. Soit. C'est joli aussi. Ma relation avec les océans, elle se trouve dans ces petits bouts de terre posés au ras de l'eau, et menacés par le changement climatique. Mon premier contact avec les « petits États insulaires en développement », comme on les appelle dans le jargon de l'ONU, s'est fait dans un ascenseur – dans un ascenseur de l'ONU, précisément. Je terminais une licence de science politique, et j'avais réussi à obtenir un stage de six mois à la Représentation de la Belgique auprès des Nations unies, à New York. À l'époque, je voulais devenir diplomate, donc ça tombait vraiment très bien. Comme j'étais belge (je le suis toujours, j'utilise l'imparfait par simple souci de concordance des temps), comme je faisais beaucoup plus vieux que mon âge (c'est toujours le cas aussi), et surtout comme la Représentation manquait cruellement de personnel (la Belgique présidait l'Union européenne à l'époque), mon patron avait décrété que je pouvais parfaitement le remplacer dans certaines réunions où on ne donnait de toute façon jamais la parole au délégué de la Belgique – la Commission baleinière internationale, par exemple. J'avais donc eu droit à un badge rouge, comme les diplomates, qui donnait accès à toutes les salles du bâtiment de l'ONU. Et aussi à tous les ascenseurs.

C'est comme ça que je me suis retrouvé un jour, peu après le 11 septembre 2001, dans un ascenseur en compagnie de l'ambassadeur de Tuvalu à l'ONU, Enele Sopoaga. Et l'ascenseur est tombé en panne pendant la montée. Donc forcément on a un peu parlé, en attendant le réparateur. À l'époque, je n'avais pas vraiment entendu parler de Tuvalu, et donc j'ai dû avoir

l'air un peu étonné quand il m'en a parlé. Et c'est comme ça que j'ai eu droit à un cours accéléré sur l'histoire, la géographie et la politique de Tuvalu : la récente adhésion aux Nations unies, les neuf îles (car Tuvalu est un archipel et non une île comme on le croit souvent), et surtout la menace terrible que faisait peser la hausse du niveau de la mer sur l'existence du jeune État. Tuvalu est indépendant depuis 1979. Douze mille Tuvaléens habitent l'archipel, dont la moitié environ sur l'île principale, Funafuti. C'est vraiment très petit : 26 km^2 au total. Il n'y a guère que le Vatican, Monaco et Nauru (un autre petit État du Pacifique) qui soient plus minuscules.
Et puis c'est surtout très plat, puisque le point culminant de l'archipel se situe à 3 mètres à peine au-dessus du niveau de la mer. Les habitants l'ont surnommé le mont Howard, en référence à l'ancien Premier ministre australien John Howard, qui avait refusé de ratifier le protocole de Kyoto.
Tuvalu est un curieux pays : l'essentiel de ses revenus provient de l'aide internationale, et il n'a quasiment aucune ressource propre. À part peut-être son suffixe internet national – .tv – dont le gouvernement a confié l'exploitation à une société californienne au début des années 2000, pour une somme qui paraît dérisoire aujourd'hui.

Tuvalu fait partie des quelques États dont la survie même est menacée par la hausse du niveau des mers. Seuls cinq États au monde sont composés intégralement d'atolls[1] et d'îles de faible élévation ; Tuvalu est l'un d'entre eux. Après sa « découverte » par les Européens au XVIIe siècle, les Britanniques en ont fait un protectorat en 1896, sous le nom des îles Ellice. Et en 1916, ce protectorat a été incorporé aux îles Gilbert, qui sont devenues Kiribati à leur indépendance (en 1979 aussi). Avant d'être associé aux impacts du changement climatique,

1. Un atoll est un anneau de récifs coralliens qui entoure un lagon.

Tuvalu était donc surtout connu comme un territoire exigu et isolé, sans ressources et dépendant de l'aide internationale. Tellement exigu et isolé que les Britanniques avaient d'ailleurs de grandes difficultés à trouver des colons qui accepteraient de s'y installer. Il reste de leur présence un vieux court de tennis abandonné et l'appartenance au Commonwealth.

Si je raconte ça, c'est pour bien faire comprendre que Tuvalu n'est pas simplement une construction du droit international : c'est un vrai pays, avec une population, un gouvernement, des lois, une monnaie, une langue et une culture. Un pays qui est tout simplement menacé de disparition par la hausse du niveau des mers. Même si nous respectons les objectifs de l'accord de Paris, ce qui impliquerait que nous limitions la hausse moyenne de la température terrestre à 2 °C d'ici 2100 (ce qui est quand même très loin d'être gagné quand on observe l'évolution actuelle de nos émissions de gaz à effet de serre) ; même dans ce cas de figure, l'élévation du niveau de la mer devrait être d'un mètre en moyenne, ce qui submergerait des territoires entiers, notamment dans les petits États insulaires. Il y a encore beaucoup de choses que nous ignorons concernant les dimensions régionales et locales de la hausse du niveau des mers – c'est dû notamment au fait que, contrairement à une idée reçue, cette hausse ne sera pas uniforme sur la surface du globe.

Mais il est certain que plusieurs zones du monde deviendront inhabitables. Pas seulement dans les îles, mais également dans de nombreux pays côtiers. Au Vietnam, par exemple, une hausse d'un mètre du niveau de la mer pourrait engloutir 24 000 km^2, c'est-à-dire environ 10 % du territoire.

Les petits États insulaires, même s'ils sont loin d'être les seuls touchés, incarnent plus que tout autre les effets du changement climatique, et singulièrement de la hausse du niveau des mers. En octobre 2009, le gouvernement des Maldives avait organisé un conseil des ministres sous-marin, afin d'attirer l'attention des médias et des opinions publiques quant au risque que la hausse du niveau des mers faisait courir à l'existence même de cet État. La photo était spectaculaire, et elle illustrait ce qui reste, aujourd'hui, encore, un vide dans le droit international : que deviendrait un État qui n'aurait plus de territoire ? Les critères de Montevideo, qui définissent ce qu'est un État souverain dans le droit international, prévoient la nécessité de disposer d'un territoire habité de façon permanente, de l'autorité politique sur ce territoire, et de la reconnaissance d'autres États. Si le territoire venait à manquer, que deviendraient les petits États insulaires du Pacifique, de l'océan Indien ou des Caraïbes ? Peut-on imaginer qu'ils perdent leur qualité d'État ?

Pour l'heure, la question n'est pas tranchée. Mais elle fait écho à notre perception : au fond, nous ne nous intéressons à ces territoires que dans la perspective de leur disparition. Qui s'était vraiment intéressé à Tuvalu, Nauru, Kiribati ou aux Îles Marshall avant que le changement climatique ne menace leur existence ? Nous considérons pourtant volontiers ces migrants comme les incarnations humaines du changement climatique, à la fois premiers témoins et premières victimes des transformations en cours. Ils sont supposés nous alerter sur les dangers du changement climatique, comme les canaris que les mineurs emmenaient jadis sous terre, tandis qu'eux-mêmes n'auraient d'autre choix que de trouver asile ailleurs.

Les îles apparaissent d'abord comme les lieux où se manifestent les premiers impacts du changement climatique : l'espace insulaire, tout comme l'espace polaire, est mobilisé comme l'incarnation terrestre du changement climatique, qui apparaissait volontiers comme une réalité abstraite et lointaine. Pour incarner cette réalité, le minuscule État de Tuvalu, vierge de représentations mentales parasitaires, tombe à point nommé. De très nombreux chercheurs et journalistes sont envoyés sur place, pour documenter les signes avant-coureurs du réchauffement global : inondations, grandes marées, érosion côtière, infiltrations salines, etc.

Dans l'histoire des sciences sociales, les îles exotiques ont souvent été assimilées à des espaces intacts, non pervertis par la civilisation, qui pouvaient reproduire presque à l'identique des conditions de laboratoire. Les travaux de l'anthropologue Margaret Mead, par exemple, décrivent volontiers les espaces insulaires comme isolés du temps et de l'espace, abritant des populations primitives dont l'organisation sociale pouvait servir de modèle simplifié pour l'étude de sociétés plus « complexes », – c'est-à-dire de sociétés occidentales, bien entendu. Dans le contexte du changement climatique, les petites îles vont logiquement servir de laboratoires, d'espaces expérimentaux au sein desquels l'impact du changement climatique sera analysé de manière locale et concrète en se concentrant sur la seule question de l'élévation du niveau des océans.

Tandis que le nom de Tuvalu commence à être associé à celui de « paradis perdu », d'« Atlantide moderne » ou d'« État Titanic », ses habitants sont décrits à la fois comme les premiers témoins du changement climatique et ses victimes expiatoires. À eux la lourde charge de fournir au monde la preuve de la réalité des effets néfastes du changement climatique. Comme dit plus haut, de grandes incertitudes subsistent néanmoins quant aux prévisions futures de l'élévation du niveau de la mer à Funafuti, l'atoll-capitale, et cette élévation n'est pas directement perceptible pour l'instant.

Les territoires insulaires sont depuis longtemps décrits comme particulièrement vulnérables. Alors que leur manque de ressources naturelles les rendaient jadis sensibles aux aléas économiques, c'est désormais leur taille réduite et leur faible élévation qui les rend vulnérables aux impacts du changement climatique. Ce constat se traduit régulièrement en un discours de vulnérabilité sociale. Ce discours participe d'un processus foncièrement déterministe : les populations insulaires seraient vulnérables avant tout parce que les écosystèmes insulaires sont vulnérables, et l'image des « réfugiés climatiques » tombe alors à pic pour incarner ce constat. Ce discours est particulièrement prégnant dans l'imaginaire populaire, depuis les aventures de Robinson Crusoé jusqu'à la populaire émission *Koh-Lanta*, dont de nombreux épisodes ont été tournés sur de petites îles exotiques. Elles y sont systématiquement présentées comme des milieux fragiles, qui font écho à la vulnérabilité des naufragés.

L'écrasante majorité des reportages et documents de vulgarisation scientifique sur la question des petites îles et du changement climatique mettent systématiquement en avant les thèmes de la submersion et de la mort annoncée. Dans cette logique, les habitants des petites îles sont présentés comme d'imminents « réfugiés climatiques ». L'utilité des petites îles, au fond, ne réside plus que dans leur disparition annoncée... Ces îles et leurs habitants sont pourtant riches de nombreuses ressources, et je ne peux me résoudre à accepter leur fin prochaine.

Un des principaux effets du changement climatique, c'est de rendre cette Terre de moins en moins habitable pour un nombre croissant de populations. Pourtant, une difficulté fondamentale de l'action collective contre le changement climatique tient au fait que ceux qui doivent entreprendre l'essentiel de l'effort pour réduire leurs émissions de gaz à effet de serre – les pays industrialisés, donc – sont aussi ceux qui seront comparativement moins affectés par les impacts du réchauffement global. D'un point de vue rationnel et néolibéral, les nations industrialisées n'ont donc guère d'incitations à agir : cyniquement, notre capacité d'action est oblitérée par nos intérêts immédiats.

Le changement climatique, en effet, s'ancre dans les inégalités entre les riches et les pauvres ; et la migration n'est qu'un catalyseur de ces inégalités. Le plus grand défi du changement climatique, c'est peut-être bien le défi du cosmopolitisme.

L'enjeu, c'est d'abord celui de garder la Terre habitable. Et, en premier lieu, pour les habitants de petites îles que nous devons reconnaître comme parties intégrantes d'une même humanité, plutôt que comme de lointains étrangers.

-

SIMON RONDEAU

-

ÉTUDIANT EN MASTER SCIENCE DE LA MER ET RÉALISATEUR DE VIDÉOS DE VULGARISATION SUR YOUTUBE

-

« Simon est jeune et sait parler à ses congénères. Passionné par le monde marin, c'est sous le pseudonyme de Melvak qu'il rassemble aujourd'hui plus de 30 000 fans. Il met toutes ses connaissances et sa motivation à susciter l'intérêt de son public pour les trésors de nos océans.
Créer la surprise et l'émerveillement en usant des outils de communication d'aujourd'hui : telle est la clé pour embarquer les nouvelles générations ! » F. A.

-

ÉMERVEILLER POUR MIEUX PROTÉGER

-

« Je suis un découvreur, mon but est d'émerveiller. »

Jacques-Yves Cousteau

L'aventure a commencé il y a bientôt dix-huit ans de cela. Armé de mon seul chapeau, de quelques provisions et de mes premières dents, c'est du haut de mes 3 ans que je fus embarqué dans ce qui allait être mon premier contact avec le monde marin.
Au cours d'un long voyage en compagnie de mes parents, je me suis retrouvé à arpenter une magnifique plage ivoirienne. Je marchais le long du rivage lorsque mon attention fut attirée par une étrange étendue de capsules bleutées échouées sur le sable. Une bizarrerie visiblement très appréciée des enfants locaux qui jouaient à les éclater les unes après les autres tel du papier bulle. Les voyant s'amuser, mes parents me proposèrent alors de me laisser moi aussi me prendre au jeu. Mon pied s'avança, entièrement nu et inconscient, avant de s'aplatir soigneusement sur une de ces billes bleues. Un contact qui

engendra une vive douleur remontant le long de ma jambe, la capsule bleue s'avérant bien plus vivace que prévu.
Malgré tout, cette mésaventure fut loin de me traumatiser. Continuant à passer mon temps en bord de mer année après année, ma passion grandissante pour l'univers aquatique me poussa à vouloir le connaître plus en détail avant de plonger la tête la première dans le monde de la vulgarisation scientifique. Depuis bientôt deux ans, c'est à la tête d'une chaîne Youtube rassemblant près de 30 000 spectateurs que je cultive cette passion, sous le pseudonyme de Melvak, en animant entre autres l'émission *Curiocéan*. Cette tribune m'a permis de faire découvrir un large éventail de sujets à mon auditoire, de l'immortalité de certaines méduses jusqu'à la découverte de bancs de sardines de plusieurs kilomètres de long. Par exemple, connaissez-vous la physalie ? Il s'agit d'une colonie de petits animaux qui, dérivant au fil des courants grâce à de l'air contenu dans de petites capsules bleues, s'échouent parfois en très grand nombre sur les plages tropicales... où elles constituent une curiosité très venimeuse. Eh bien désormais vous la connaissez, tout comme mon cher pied.
Au cours de mes années de lectures et de recherches, j'ai été confronté à quantité d'informations sur le monde marin. Ce qui m'a fait comprendre une chose : parler de l'océan peut s'avérer bien compliqué. Et cela pour la simple et bonne raison que peu importe l'animal, le lieu ou le phénomène traité, dans la plupart des cas, chacun peut se voir consacrer un paragraphe déplorant sa disparition, sa détérioration ou encore sa mise en danger. C'est la triste réalité. Aujourd'hui, sous l'eau, ce n'est pas vraiment la joie. Cependant, mon but n'étant pas d'envoyer le moral de mon public 20 000 lieues sous terre, c'est une chose que j'ai eu à cœur de ne pas trop accentuer au fil de mon travail.
« Où est le problème ? », me direz-vous. S'il semble logique d'alerter le public pour que la situation s'améliore, tout est question de dosage et il me semble important de ne pas systématiser

l'exercice de sensibilisation. Même avec les meilleures intentions du monde, tirer sans cesse la sonnette d'alarme peut très vite s'accompagner d'un sentiment de déprime et provoquer des réactions contraires à l'effet recherché : « Si toutes les espèces sont en danger, que pouvons-nous y faire ? » À mon sens, ce sentiment d'impuissance peut s'avérer très contagieux et freiner, voire détruire toute motivation à se battre.

Prenons par exemple la Grande Barrière de corail : est-elle vraiment en danger, tout comme les multiples formes de vie qu'elle abrite ? La réponse est oui, indubitablement. Pourtant, lorsque j'ai abordé ce sujet, j'ai volontairement décidé de ne pas en parler, mais plutôt de proposer de poser sur ce lieu un regard différent en m'intéressant à une facette peu connue de cette merveille : l'histoire de sa formation. Insister sur son déclin me paraissait contre-productif ; en revanche, raconter l'histoire de son incroyable construction permettait de diffuser une autre image, moins médiatisée, de cet écosystème.

C'est aussi en restant à l'écoute de mon public que j'ai identifié les dangers de la sursensibilisation. Après avoir travaillé sur une série de sujets difficiles, les commentaires se résumaient à : « Cela m'attriste de voir comment évolue la situation », « C'est vraiment dommage, l'homme n'est bon qu'à détruire », « Mais alors, avons-nous vraiment une chance de pouvoir changer les choses ? »... Autant de messages qui me mettaient en garde sur ce que dégageait indirectement mon travail. Un dosage à l'égard de certaines thématiques semblait donc être nécessaire pour ne pas détruire tout espoir de voir les choses s'améliorer. Pourtant, quelque chose ne collait pas : si mes spectateurs déprimaient face à certains sujets, comment expliquer que je puisse y échapper, moi qui connaissais pourtant bien l'ampleur des dégâts ?

Au cours de mes recherches, il m'est effectivement arrivé d'enchaîner la lecture de mauvaises nouvelles et de prendre conscience de l'ampleur et du nombre croissant des problèmes

écologiques. Pourtant, je ne sombrais pas dans la déprime. En quoi étais-je différent de mon public ? Après avoir réfléchi à la question, je me suis demandé si ce qui nous différenciait, ce n'était pas tout simplement la quantité d'informations à disposition. Je me rendais bien compte jour après jour que beaucoup d'espèces disparaissaient, mais j'apprenais aussi à travers mes lectures qu'il en existait mille fois plus toujours vivantes. Toujours prêtes à ce qu'on se batte pour elles. Inconsciemment, cela m'a très certainement permis de relativiser l'impression de catastrophe généralisée. Avoir la chance de visualiser le tableau dans son ensemble me permettait donc de ne pas me focaliser sur les aspects négatifs, à l'inverse d'une grande partie de mon public qui n'avait pas accès à toutes les pièces du puzzle. Combien de personnes étaient plus au courant des marées noires ravageant les côtes que de l'existence des plages scintillantes des Maldives, parsemées de plancton bioluminescent ? Il m'apparaissait alors qu'avoir conscience de la richesse de cet univers aquatique pouvait se révéler très important pour ne pas perdre espoir vis-à-vis de sa sauvegarde. Un constat qui me fit comprendre que, si sensibiliser était important, émerveiller l'était peut-être tout autant.

En découvrant un monde inconnu regorgeant d'espèces plus belles et plus étranges les unes que les autres, il devient alors normal d'avoir envie de s'investir dans sa protection. C'est donc tout naturellement que j'ai décidé de modeler mon travail pour en faire une véritable porte d'entrée vers l'Océan. Une banque de données adaptée à tous les publics dans le but de diffuser un maximum d'informations sur des sujets aussi incroyables que trop peu connus. Depuis lors, j'ai eu à cœur de choisir avec soin les thèmes abordés et d'être attentif à la façon de les traiter. S'il est important d'alerter sur certains sujets, il est tout aussi nécessaire de pouvoir partager mon intérêt pour le monde marin sans devoir y faire systématiquement part de mes craintes.

Prenons l'exemple de l'acanthaster. Cette petite calamité est une étoile de mer épineuse pouvant atteindre jusqu'à 80 centimètres d'envergure. Elle possède beaucoup plus de bras que celles que nous avons l'habitude de voir sur nos côtes, ceux-ci pouvant dépasser la dizaine. D'apparence très austère, cet animal est aujourd'hui directement lié à l'une des préoccupations majeures de ces dernières décennies : la chute des populations de coraux. Car si vous pensiez qu'une étoile de mer était un petit être inoffensif et sans défense, il n'en est rien : celle-ci porte les barrières de corail dans son cœur ou plutôt dans son estomac...

Voici donc un exemple d'amorce pour parler de la disparition du corail. Il n'est plus question ici de mesurer seulement l'étendue des dégâts, mais plutôt d'élargir notre vision du problème en évoquant d'autres histoires. Que ce soit à travers la présentation de la crevette arlequin et du ver de feu, prédateur de notre chère étoile de mer, ou encore par le biais d'anecdotes ironiques concernant la façon dont les Australiens ont commencé à gérer la situation, il existe un nombre incroyable d'éléments qui ne demandent qu'à être déterrés. Il s'agit donc d'essayer de rendre intéressantes les problématiques actuelles, de remplacer le déprimant par le captivant, de prendre plaisir à découvrir l'Océan même sous ses plus mauvaises coutures. Susciter l'émerveillement et sensibiliser sont des exercices complexes et différents, mais ce ne sont aucunement deux voies à choisir séparément, car elles se complètent en répondant mutuellement aux failles de l'autre.

De mon point de vue, les systèmes mis en place à l'heure actuelle sont déjà très efficaces pour alerter les populations sur l'évolution inquiétante de notre planète. En revanche, il reste beaucoup à faire en matière de diffusion des connaissances. Il m'arrive parfois d'avoir l'impression que nous sommes plongés dans un monde dont on nous raconte la lente détérioration sans pour autant qu'il nous soit, au préalable, familier, ignorant ce qu'il renferme et inconscients de l'héritage que sont en train de perdre les prochaines générations. Le gros problème de notre époque réside donc peut-être dans un manque d'éducation vis-à-vis de notre environnement et des trésors que renferme notre planète. Un ensemble de lacunes qui ne permettrait pas de pouvoir mesurer l'ampleur de la situation actuelle malgré une importante série de mises en garde.

C'est aussi pourquoi j'ai à cœur de faire découvrir un maximum de créatures aux allures irréelles et d'expliquer au mieux le fonctionnement de phénomènes plus incroyables les uns que les autres. Il reste encore une multitude de choses à faire partager et d'histoires à raconter sur notre bel Océan. Rien n'est encore perdu, tout reste à découvrir.

-

FRANÇOIS GOURAND

-

MÉTÉOROLOGUE ET AVENTURIER

-

« François est un météorologue passionné de sciences, passion transmise par son grand-oncle prix Nobel de médecine. J'ai eu la chance d'apprendre énormément à ses côtés lors d'intensives leçons qu'il me dispensait sur la météo et le climat. Les pôles sont indispensables à l'équilibre de la Terre, m'enseignait-il. Et il en sait quelque chose ! Cet aventurier des temps modernes a vécu aux confins de la planète, là où la terre et la mer sont perpétuellement gelées. Dans sa base scientifique en Terre Adélie, François se sent au plus près de l'essentiel. À travers ses interrogations et ses rêveries de scientifique, nous interrogeons avec lui la nécessité de restaurer le lien qui nous unit à l'Océan. » F. A.

UN AN SUR LA BANQUISE

J'ai toujours été fasciné par la géographie, par notre planète et ses immensités. Ces échelles si différentes, mais qui font toutes parties de notre réalité. Bien qu'ayant grandi en ville, assez loin de la mer, j'ai eu la chance et le bonheur d'y aller régulièrement en vacances dès l'enfance, parfois en Bretagne, souvent en Corse, d'où ma mère est originaire. C'est peut-être ce qui m'a apporté une sensibilité insulaire. Comme beaucoup, au-delà de l'immensité, c'est la force de l'eau qui m'a impressionné, son aspect changeant, et le côté mystérieux de la vie qu'elle abrite.

En grandissant, j'ai appris que c'est au sein de la mer que la vie est née, j'ai compris les grands mécanismes qui régissent le mouvement des océans, et mon intérêt pour ce milieu si vaste a été décuplé. Également fasciné par les déserts, communément associés à la chaleur, j'ai découvert puis me suis pris de passion pour les milieux polaires. C'est au même moment que je me suis plongé dans la météorologie. J'ai rapidement su que mon entrée à Météo France me permettrait d'aller travailler dans

cette partie si particulière et fascinante, car gelée, des océans : la banquise.
La banquise est une véritable curiosité pour l'immense majorité des humains car elle nous est totalement étrangère. Une poignée d'hommes et de femmes y vit pourtant depuis des millénaires, dans un équilibre certain avec ces éléments souvent rudes. La banquise est essentielle à l'équilibre climatique de la Terre tout entière, tel que nous le connaissons et le vivons depuis des siècles. Les changements qui s'opèrent dans les régions polaires et qui font reculer rapidement la banquise contribuent déjà à amplifier le réchauffement climatique.
Aboutissement d'un rêve de longue date, je suis parti travailler un an en Terre Adélie (Antarctique), en tant que chef de station météorologique de la base française Dumont-d'Urville. Depuis 1956, on y effectue des relevés et des prévisions météorologiques, particulièrement précieux dans ces zones polaires peu peuplées. Une de nos activités emblématiques est d'y effectuer, chaque jour vers 10 heures du matin, (au moins) un lâcher de ballon-sonde pour mesurer les caractéristiques de l'atmosphère antarctique, et cela, quelles que soient les conditions météorologiques.

Mon premier contact vraiment marquant avec l'Océan a ainsi eu lieu lors de la traversée Australie-Antarctique que j'ai effectuée en décembre 2008, à bord du célèbre *Astrolabe*. Jusqu'alors, je n'avais emprunté que des ferrys, essentiellement pour effectuer de courtes traversées vers la Corse depuis le continent. C'était donc la première fois que je me retrouvais au milieu de l'immensité océanique et 2 700 kilomètres à parcourir. Je me rappelle avoir eu vraiment envie de me retrouver dans cette situation, et en dépit des conditions de houle qui ont rendu ce voyage assez inconfortable, j'en garde un excellent souvenir,

notamment lors de mes quelques sorties sur le pont arrière du bateau, au cœur de l'océan Austral.

Durant l'été austral, l'*Astrolabe* effectue des allers-retours entre Hobart (Tasmanie) et la base Dumont-d'Urville, qu'on appelle « rotations ». Lors de la rotation de l'*Astrolabe* qui m'a mené jusqu'au grand Sud, les conditions étaient globalement clémentes, au regard de la réputation justifiée des 40e rugissants et des 50e hurlants. Quelle sensation de liberté ! J'ai ainsi fait l'expérience d'être coupé de la terre pendant plusieurs jours. J'ai touché du doigt le destin de ces explorateurs légendaires qui, bien avant moi, avaient osé braver la force des éléments et affronter des conditions autrement plus dangereuses.
Traverser l'Océan est déjà en soi une expérience forte en sensations, mais aller vers l'Antarctique en est une autre ! Je me rappelle que nous guettions avec une impatience croissante la vue du premier glaçon, et qu'il fut déraisonnablement photographié, au regard de sa forme et ses dimensions très quelconques. Un peu plus tard, nous avons aperçu un trait blanc qui barrait l'horizon, comparable, vu de loin, à un vaste nuage. C'était le continent antarctique ! Quand on m'a demandé à mon retour quel était mon souvenir le plus fort, j'ai répondu que c'était cette grande ligne blanche que nous avons vu grandir au fur et à mesure que nous nous approchions, hypnotisés, des heures durant. Les vingt-quatre dernières heures à bord du bateau ont été magiques, avec le concours d'une météo claire très favorable à l'observation. Puis nous avons traversé ce qu'on appelle le pack, ces plaques de glace à la dérive, avec cette fois une incroyable variété d'icebergs, avant le premier contact avec la banquise assez fine dans laquelle l'*Astrolabe* parvenait à progresser.
Je me souviens avoir très rapidement aperçu les premiers habitants de ce bel environnement : les phoques et les manchots, qui vivent indifféremment entre océan et banquise. L'arrivée par

temps ensoleillé et calme sur la base Dumont-d'Urville le soir, avec une visite au soleil de minuit de la manchotière reste un moment très fort.

J'ai passé une année très riche sur l'île des Pétrels, principale île de l'archipel de Pointe Géologie. Dans le cadre de ma mission pour Météo France, j'ai observé l'incroyable variété des paysages qu'offrent les variations annuelles de la banquise, passant d'un environnement maritime durant l'été austral – cette année-là, l'île était entourée d'eau au cœur de l'été –, à un environnement de banquise à perte de vue au meilleur de l'hiver. J'ai aussi assisté à un phénomène côtier bien connu en Antarctique : l'apparition d'une polynie, au cœur de l'hiver. Une polynie est une ouverture d'eau dans la banquise, on en trouve fréquemment autour de l'Antarctique, en raison des vents violents, notamment les fameux vents catabatiques, qui y soufflent régulièrement et descendent à grande vitesse des hauts plateaux de l'intérieur du continent avant de disloquer la banquise. Un des plus beaux spectacles auxquels j'ai eu la chance d'assister durant cet hiver-là fut l'apparition, au mois de juillet, donc au cœur de l'hiver austral, d'une superbe polynie au pied de l'île des Pétrels.
Une polynie n'apporte pas seulement plus de magie à des paysages déjà féeriques ; c'est aussi un lieu important d'échanges énergétiques entre le froid glacial du continent et les masses d'air océaniques plus douces. C'est un lieu crucial de la chaîne alimentaire puisque les manchots empereurs y trouvent une source de nourriture proche et tout à fait bienvenue au cœur de leur hiver antarctique.

Ce n'est plus un secret pour personne : cet environnement, qui a trouvé un équilibre au fil de l'histoire de notre planète, est gravement déstabilisé par le réchauffement climatique. La banquise est essentielle pour certaines espèces comme le manchot empereur, qui s'y reproduit et y élève ses poussins à la fin d'hiver. Même si on est encore loin de la disparition de la banquise antarctique, surtout à l'est, où se trouve la Terre Adélie, une importante réduction ou une durée de vie saisonnière raccourcie auraient des conséquences directes sur l'écosystème local.

Autant l'eau qui entourait la base pendant l'été limitait nos déplacements aux quelques hectares de l'île des Pétrels, autant la formation de la banquise à partir du mois de mars, consolidée semaine après semaine, nous a apporté une formidable aire de promenades ou d'expériences scientifiques pour le reste de l'année. La transformation permanente de notre paysage quotidien fut un spectacle régulièrement épatant, tellement éloigné de ce que nous connaissions. Au bout de quelques semaines d'hiver, il était par exemple devenu possible de rejoindre à pied la base annexe de cap Prud'homme, situé à environ 5 kilomètres de la nôtre.
Au moment de la fête de Midwinter, organisée lors du solstice d'hiver, qui consiste en une semaine de festivités pour célébrer la fin des jours qui raccourcissent et le début du mouvement inverse, nous avons pu profiter de quelques heures de jour pour sortir nous promener dans des ambiances irréelles, mais aussi pour organiser des jeux (pétanque, foot) sur la banquise. Comme si notre jardin s'était nettement agrandi. Jouer au foot sur l'Océan gelé est une expérience pour le moins déroutante, les appuis y sont irréguliers comme la surface glacée et les limites du terrain semblent bien dérisoires au regard de la glace qui s'étend à perte de vue...
Lors du « printemps » local, lorsque après l'équinoxe de septembre les journées s'allongent tellement qu'elles deviennent rapidement interminables, les tempêtes se font plus rares et l'ensoleillement est souvent généreux. On sort alors d'un long hiver et c'est à ce moment que la banquise est au maximum de son étendue et aussi la plus épaisse : les possibilités de promenades deviennent très nombreuses.

Avec le retour des longues journées, c'est la plus belle période pour explorer les alentours, aller voir de près des icebergs qu'on ne distinguait que de loin jusqu'alors. Nous avons souvent marché près de 30 kilomètres, parfois davantage, sur cette banquise suffisamment dure en surface pour permettre de progresser dans de bonnes conditions. Je garde de ces journées magiques le souvenir des sculptures de glace toutes en nuances de bleu, des rencontres improbables avec des phoques et des manchots en ces lieux si désertiques.

La banquise est une couche de glace qui repose sur l'eau liquide. Naturellement fragile et mouvante, il faut toujours se méfier des fractures, des « rivières » généralement visibles à sa surface, mais dissimulées après une chute de neige. Avec le retour d'un franc soleil et de températures plus douces, elle se fragilise encore et il faut rester vigilant avant de s'élancer librement sur ce terrain, nombre d'entre nous se sont néanmoins fait surprendre et ont passé une jambe, voire davantage, dans l'eau... Heureusement sans conséquence.

La banquise fut pour certains d'entre nous, dont notre biologiste marine, un terrain d'étude scientifique. L'expérience s'est déroulée dans un trou creusé dans la banquise chaque année, au même endroit, pour étudier la faune marine de ce lieu précis, à quelques centaines de mètres au sud-ouest de l'île des Pétrels. Avec d'autres, je l'ai souvent accompagnée, tirant sa pulka, le traîneau que l'on utilise pour transporter le matériel nécessaire à l'expérimentation, principalement différents filets à déployer dans le trou.

Je me souviens de cette fois où l'on a vu les murs de neige depuis la banquise, qui annonçaient la présence de vents catabatiques sur le continent proche. Il y avait effectivement une petite chance que les rafales débordent sur la banquise où nous nous trouvions... Et c'est ce qui s'est produit et qui a naturellement écourté notre présence au niveau du trou de pêche. Des rafales

de 130 à 140 km/h ont brutalement déboulé sur la banquise. D'un coup, ce lieu paisible, ce cadre de travail unique, s'est transformé en environnement hostile.

Nombreux sont ainsi les souvenirs accumulés pendant mes treize mois à Dumont-d'Urville. Mon contact le plus direct avec l'océan Antarctique reste cependant la courte baignade que nous fûmes une dizaine à tenter, en maillot de bain, au niveau de l'abri côtier, à l'est de l'île des Pétrels, à la fin de l'été. Après quelques secondes étonnamment douces, je crois avoir ainsi pu expérimenter, durant un court instant, ce qui se rapproche le plus de la sensation de brûlure.

Mais le souvenir le plus irréel de mon année fut peut-être le retour du bruit des vagues ou de l'odeur de l'iode au début de l'été qui a conclu mon séjour, après une longue absence hivernale.

J'ai gardé une affection particulière pour la Terre Adélie, où le destin m'amènera peut être à nouveau. Lors de mon retour vers la France, deux mois après avoir passé le cercle polaire antarctique, je suis allé voir un ami au Yukon, dans le nord-ouest du Canada, et nous avons décidé de rouler le plus au nord possible jusqu'à la banquise et le village inuit de Tuktoyaktuk. La route qui part près de Dawson City jusqu'à Inuvik, la Dempster Highway, traverse le cercle polaire. Cette route se prolongeait jusqu'à récemment par une piste de glace uniquement accessible en hiver, qui reliait Inuvik à Tuktoyaktuk, en passant sur le fleuve Mackenzie, puis quelques kilomètres de banquise jusqu'au village inuit (aujourd'hui, cette piste est remplacée par une route sur la terre ferme). Nous avons ainsi roulé sur la glace pendant plus de 100 kilomètres, un souvenir assez magique et irréel.

Cette banquise arctique fond particulièrement vite ces dernières années. Le mode de vie même des populations inuits s'en trouve bouleversé, certains villages font face à des problématiques nouvelles d'érosion côtière et ont dû être déplacés. Je pense souvent à eux, en première ligne des conséquences du réchauffement, sans parler de la faune déjà grandement affectée, et cela renforce ma volonté de prévenir, d'agir à mon niveau pour limiter ses effets.

Une fois rentré de ce long voyage en Antarctique, doublé d'une courte parenthèse arctique, j'ai repris une vie de citadin parisien beaucoup plus classique, loin de l'Océan, mais avec de fréquentes respirations corses, face à la Méditerranée. Par mon travail de météorologue, j'ai cependant continué à m'intéresser à l'Océan, voisin essentiel de l'atmosphère dans l'équilibre terrestre, et à observer son évolution.

Des années plus tard, en 2016, grâce à mon oncle Georges, j'ai eu la chance de participer sous d'autres latitudes à une petite aventure maritime : j'ai embarqué à l'île Maurice pour une traversée qui nous a menés à l'est de l'Afrique du Sud à bord de son catamaran. J'avais très envie de découvrir un autre rapport à la mer, non plus en tant que simple passager à bord de l'*Astrolabe*, mais en tant que marin adjoint de mon oncle, le capitaine.

Ma perception de la mer est alors passée d'un « simple » émerveillement à un environnement de travail à apprivoiser petit à petit. J'ai été de plus en plus attentif à ses mouvements, à ses humeurs, afin de comprendre son fonctionnement et de m'y adapter du mieux possible.

Dans les mers hâchées et changeantes de l'océan Indien, mon corps a cependant parfois moins bien vécu cette belle expérience. Je me rappelle qu'une des tâches les plus importantes, notamment lors de mes quarts de nuit, était de surveiller le trafic maritime : le danger était en effet important de croiser un de ces immenses tankers ou cargos qui sillonnent les océans, d'autant qu'en passant au sud de Madagascar, nous nous trouvions sur une route importante vers l'Asie.

Par ailleurs, je suis depuis longtemps avec beaucoup d'enthousiasme le Vendée Globe, fasciné comme tant d'autres par l'aventure sportive, humaine, que cela représente. À ma petite échelle, je crois avoir ressenti un peu l'isolement, et en même temps la communion avec cet immense élément océanique, quand j'étais la seule âme éveillée à bord, la nuit, lors de mes quarts. Cette proximité avec l'élément massif, dans l'obscurité, avait paradoxalement quelque chose de rassurant : s'il m'arrivait quelque chose, je finirais probablement dans cet Océan qui a engendré la vie.

Mais rien de tragique ne s'est heureusement produit : je suis arrivé à bon port, épuisé par les conditions de navigation difficiles des derniers jours, mais heureux d'avoir vécu cette expérience. Malgré un mal de mer qui me laissait peu de répit, je goûtais le fait de glisser, allongé sur ma bannette, à la surface de l'Océan, rêvant parfois à d'improbables Atlantides que nous surplombions peut-être. Quand je repense, près de deux ans plus tard, à ces semaines sur les mers exotiques, ou près de dix ans après à cette année en Antarctique, hors du temps, hors de notre mode de vie déconnecté de la nature et des conséquences de nos actes, l'essentiel que j'en tire finalement, c'est cette parenthèse de juste connexion avec l'eau (glacée ou non) et le ciel. C'est ce qui nourrit ma soif d'en connaître un peu plus, et de partager ces connaissances avec le plus grand nombre. Je crois que c'est en prenant conscience de la profondeur de ce lien, en écoutant le message scientifique, que l'on aura une chance de mieux traiter l'immense problème du changement climatique et de se préparer pour le monde à venir.

-

ALEXIS SYNODINOS

-

INDUSTRIEL ÉCOLO

-

« Passionné par l'océan, la plongée et l'apnée qu'il pratique en amateur, Alexis vient de la petite île d'Amorgos, en Grèce. Parce qu'il est sujet au mal de mer, notamment à cause des vapeurs de carburant et des gaz d'échappement, il a décidé de se lancer dans la conception et la fabrication des premiers catamarans électrosolaires. Sa vision d'ingénieur nous offre les clés pour comprendre le défi énergétique d'aujourd'hui. Il nous rappelle que la partie est gagnée au niveau technologique : nous savons faire ! Il faut maintenant changer d'échelle afin qu'Hélios puisse sauver Poséidon ! » F. A.

-

COMMENT HÉLIOS VA SAUVER POSÉIDON

-

L'énergie solaire, une rupture technologique au secours des océans

Depuis de nombreuses années, les ONG alertent sur le réchauffement climatique et sur la pollution des océans. Les leviers d'action qui permettront une transition énergétique du monde maritime, et donc sa survie, ne reposent pas uniquement sur des principes écologiques et politiques, mais avant tout sur des données économiques.
La transition énergétique dans le domaine du transport maritime est non seulement possible, mais elle est surtout imminente. Elle suivra un cheminement semblable à celui qu'est en train de vivre le monde automobile et doit être accompagnée de politiques d'incitations et d'une réglementation qui fait aujourd'hui défaut.

Fanny Agostini : Alexis, quel est ton rapport à l'eau et aux océans ?

Alexis Synodinos : Techniquement parlant, l'eau est un élément incroyable qui nous permet de porter toute masse, aussi considérable soit elle, sans énergie, grâce au phénomène physique démontré par Archimède. Les océans, les mers, les lacs, les fleuves sont autant d'autoroutes qui ont permis à l'homme de se déplacer, pour commercer et se nourrir. La mer a été la clé du développement de toutes nos civilisations, contrairement aux zones désertiques et montagneuses, qui sont de vraies barrières. Pourtant, ces milieux aquatiques sont en danger, tout comme le reste de la planète.

F. A. : Selon toi, nous sommes en train de franchir la ligne jaune et l'irréversibilité de la situation menace. Ce grand équilibre de la vie que seuls des océans vivants, riches de plancton et subtilement brassés par les courants marins permettent est aujourd'hui en péril. Notre modèle, qui repose depuis deux cents ans sur les énergies fossiles, doit être revu et corrigé. Que préconises-tu ?

A. S. : Je crois aux solutions techniques et écologiques, mais surtout économiques. L'évolution des transports et des activités maritimes est inéluctable, car avant d'être une catastrophe écologique, l'utilisation des carburants fossiles est une aberration économique.

Avant la révolution industrielle, les marins utilisaient les vents et les courants pour se déplacer et pêcher. L'avènement du charbon puis du pétrole nous a permis de maîtriser l'espace et le temps, et de dompter les éléments, notamment la mer et les océans. Deux siècles plus tard, nous avons enfin compris – enfin, la plupart d'entre nous ! – les dégâts irréversibles que le charbon et le pétrole ont fait subir à notre planète et à ses hôtes. Pourtant, nous avons les connaissances techniques qui nous permettraient de vivre plus en harmonie avec notre environnement, ou tout au moins d'arrêter la folle destruction qui est en cours. La solution, c'est une nouvelle révolution industrielle et écologique. Cette révolution est technique, bien sûr, mais elle est avant tout économique.

Tony Seba, auteur et conférencier américain, spécialiste de prospective sur le développement durable et les transports, fait le constat suivant :

– les coûts de l'énergie et des matières premières augmentent alors que ceux des technologies diminuent ;

– les révolutions technologiques majeures (par exemple, l'imprimerie, la vapeur, le moteur à explosion, et plus proche de nous, le téléphone et Internet) ont toutes entraîné de profonds changements sociétaux.

Pour illustrer son propos, il présente deux photos de la 5e avenue à New York, l'une prise en 1900, l'autre en 1913. Entre ces deux images, on est passés du « tout cheval » au « tout voiture ». C'est ce que l'on appelle une rupture technologique. Aux XIXe et XXe siècles, nous en avons connu plusieurs dans le transport, avec la vapeur qui a permis l'émergence du train et des bateaux à moteur, puis le pétrole qui nous a donné la voiture et l'avion. En deux siècles, la Terre est, d'une certaine façon, devenue minuscule : on peut désormais la parcourir facilement, et une partie de plus en plus importante de la population mondiale a accès à ces moyens de locomotions de plus en plus rapides et abordables.

Néanmoins, les coûts environnementaux n'ont pas été pris en compte et, depuis deux siècles, nous brûlons toutes nos réserves d'énergies fossiles à très grande vitesse. C'est intenable du point de vue écologique bien sûr, avec les rejets de gaz à effet de serre que cela implique, notamment de CO_2, mais surtout au niveau économique. Il existe des solutions de long terme : le soleil, le vent, la géothermie, les courants marins et les forces hydrauliques. La solution énergétique qui l'emportera sur toutes les autres sera celle dont le kilowatt-heure (kWh) livré sur le lieu de consommation reviendra le moins cher. Pour l'heure, les panneaux photovoltaïques couplés au stockage d'électricité, comme des batteries par exemple, sont les mieux placés dans cette compétition.

F. A. : Pourquoi les panneaux solaires ?

A. S. : Parce que le prix du kilowatt-heure est maintenant tellement bas qu'aucune autre technologie de production d'électricité ne peut plus faire face, qu'elle soit fossile ou durable, et qu'elle est en outre extrêmement simple à mettre en œuvre au plus près du lieu de consommation.
Le prix du kilowatt-heure produit par un panneau solaire a été divisé par 300 depuis le début des années 1970. L'industrie chinoise des panneaux solaires, bien que déjà largement leader au niveau mondial, continue de faire baisser les prix. Aujourd'hui, le coût d'achat d'un panneau solaire s'approche de 0,25 euro par kilowatt-heure, c'est-à-dire qu'un panneau solaire de 100 watts coûte autour de 25 euros.
De plus, comme cela se fait désormais en Australie à grande échelle, les industriels, en partenariat avec les régions, proposent l'installation gratuite de panneaux solaires, en se rémunérant uniquement sur les surplus d'électricité générés.
Surtout, les panneaux solaires couplés à des batteries constituent la meilleure solution pour produire directement l'énergie sur son lieu de consommation (une maison avec des panneaux solaires sur le toit et des batteries dans le garage, par exemple) et leur coût sera bientôt plus compétitif que le simple transport de l'énergie.
Le réseau électrique, avec ses lignes à très haute, moyenne et basse tension, deviendra à terme non viable économiquement pour beaucoup de particuliers, mais aussi d'entreprises. Cette révolution énergétique et économique en cours va ainsi transformer la planète très vite, car elle va dans le sens du marché, celui-là même qui a prôné l'économie du tout-pétrole pendant plus d'un siècle.
En ce qui concerne l'automobile, par exemple, le 100 % électrique a déjà gagné la bataille de l'efficacité énergétique, puisque 90 % de l'énergie consommée est utilisée pour déplacer le

véhicule, contre 20 à 30 % pour un véhicule à énergie fossile. Les voitures électriques sont déjà aussi performantes (puissance, accélération, etc.) que les meilleures voitures à moteur à combustion interne, et ce malgré plus d'un siècle de développement technique ininterrompu.

F. A. : La tortue a dépassé le lièvre ! Mais quid de la guerre des coûts et de la question que tout le monde se pose concernant la recharge et le recyclage de ces batteries qui sont, elles aussi, très polluantes ?

A. S. : Concernant ce que j'appelle la « guerre du coût global », les véhicules électriques sont beaucoup plus simples et moins chers à produire, nécessitent moins d'entretien que les voitures classiques et ont une durée de vie bien supérieure – sans compter le coût énergétique bien inférieur. Seules les faibles quantités actuelles de production par modèle et le prix des batteries, bien qu'en forte baisse, faussent la donne aujourd'hui, mais l'affaire est entendue : bientôt, ce sera bien moins cher au global. De plus, les investissements financiers et humains de recherche et développement dans le domaine de la chimie de la batterie sont absolument colossaux, et les problèmes actuels liés à l'utilisation des terres rares, au recyclage, au rapport poids/puissance et volume, et au nombre de cycles des batteries (nombre de charges/décharges des batteries, aujourd'hui garanti aux environs de 3 000 cycles, c'est-à-dire dix ans si on recharge sa voiture tous les jours) va être résolu bien plus rapidement qu'on ne le pense.
En outre, les suites du « Dieselgate » et les interdictions de circulation de certains véhicules essence et diesel dans plusieurs grandes villes du monde ont fait chuter la cote des véhicules traditionnels, qu'ils soient neufs ou d'occasion. Tous les industriels ont déjà tourné la page du moteur à combustion, et beaucoup annoncent leur dernier développement de moteur thermique. Et une autre révolution est déjà en route, bien plus

importante que l'arrivée de la seule électrification des véhicules, qui va transformer notre civilisation automobile telle que nous la connaissons depuis presque un siècle : celle du véhicule autonome. La fin du véhicule particulier et statutaire a sonné et une nouvelle ère a commencé, celle du véhicule partagé, du véhicule comme un service.

Peu de constructeurs survivront à cette mutation technologique, car le nombre d'automobiles nécessaires sera bien moins important, puisqu'ils seront partagés. Surtout, il n'y aura de la place que pour ceux qui sauront être les premiers techniquement, les plus puissants financièrement et qui tueront la concurrence avec des prix très bas en proposant le véhicule, l'application de réservation sur smartphone et toute la logistique avant même de gagner de l'argent – à l'image de ce qu'ont mis en place Amazon et Alibaba dans la distribution. En effet, 90 % des véhicules particuliers passent 96 % de leur temps garés : c'est économiquement non rentable, et c'est aujourd'hui encore le deuxième poste de dépense des ménages. Dans très peu de temps, entre 2022 et 2024, des véhicules autonomes, donc sans chauffeur, seront disponibles 24 heures sur 24, 365 jours par an ou presque ; leur taux d'utilisation sera très supérieur à celui des véhicules particuliers d'aujourd'hui. Ils nous permettront de nous déplacer de porte à porte grâce à une application sur notre téléphone portable et pour un budget annuel tellement inférieur au coût d'utilisation d'un véhicule particulier que plus personne n'aura d'intérêt à acheter, ni même à utiliser, sa voiture particulière. Celles-ci vont disparaître car elles vont tout simplement devenir inutiles, à l'image des cabines téléphoniques qui ont été remplacées par les portables, et certainement dans la même indifférence générale.

L'ensemble de l'industrie automobile, de l'Internet, des services, de la finance et beaucoup d'autres investisseurs l'ont bien compris, et c'est pourquoi la bataille fait rage autour du véhicule autonome. C'est à celui qui se lancera le premier et établira

le standard « logiciel » de la voiture autonome. Car la voiture autonome n'est finalement rien d'autre qu'un ordinateur sur roues ! De nombreux domaines vont, à terme, être affectés par cette technologie : on peut espérer une réduction massive du nombre de morts et de blessés, mais aussi certainement la fin des embouteillages, la transformation des rues avec la disparition des voitures stationnées et des parkings, et donc plus d'espace, de silence et moins de pollution.
Je pense même que le coût extrêmement bas des déplacements avec ce type de véhicules va entraîner la gratuité des transports publics dans les grandes villes, notamment à Paris. La future politique de la Ville va devoir se reconstruire autour de cette technologie révolutionnaire et légiférer en conséquence. Heureusement, cette fois-ci, c'est la voiture autonome qui va s'adapter à la cité, et non l'inverse, car le nombre de véhicules va très fortement baisser et le stationnement disparaître. Nous allons récupérer l'espace, à l'image des quartiers piétonniers.

F. A. : Ce qui est urgent pour nos modes de transport terrestre l'est aussi pour la partie maritime. Il est impératif de s'attaquer au problème car le trafic maritime a doublé depuis les années 1980 et va continuer de croître très fortement avec d'importantes répercussions en matière d'émission de CO_2. Il est incroyable de s'imaginer qu'un ferry à quai, lors d'une escale, moteur allumé, émet autant de dioxyde de carbone qu'une année de circulation automobile à Marseille ! Sommes-nous vraiment loin des avancées technologiques que tu mentionnes pour la voiture ?

A. S. : Dans le domaine maritime, nous sommes aujourd'hui très en retard. C'est même pire que ce que l'on imagine car, malgré les carburants détaxés, des normes antipollution quasi inexistantes, l'âge moyen des bateaux très élevé, le monde maritime ne gagne pas sa vie et pollue l'atmosphère comme les mers.

Seul le domaine de la voile progresse en termes de performances et d'efficacité énergétique. Les bateaux de course au large pulvérisent les records de vitesse chaque année à la voile, avec des carènes extraordinaires d'efficacité et l'utilisation massive de foils, à l'image des maxi-multicoques de course, mais aussi en monocoque avec les nouveaux Imoca comme *Banque populaire VIII*, celui d'Armel Le Cléac'h qui a fait le tour du monde en 74 jours, et 3 heures 35 minutes, soit à une vitesse moyenne de plus de 22 nœuds et ce sans carburant, juste avec du vent, du talent et de la passion. À noter qu'aucun bateau à combustion interne, c'est-à-dire équipé d'un moteur traditionnel, ne peut accomplir une telle prouesse. Les bateaux à moteur, eux, continuent de consommer beaucoup trop de carburant avec des coques qui déplacent beaucoup d'eau et qui fond plein de jolies vagues (signe extérieur d'inefficacité).

Pour la navigation de plaisance, rien n'évolue ou presque, notamment du fait de l'impossibilité d'amortir une solution technique aujourd'hui plus chère à l'achat et avec un taux d'utilisation de seulement quelques jours par an. D'autant que, au vu de l'utilisation extrêmement limitée de ce type d'embarcations (entre un jour et une semaine par an), le coût du carburant est minime. Seul Torqeedo, un constructeur allemand, propose des systèmes complets et intégrés de propulsion (moteur et batteries) électriques et hybride. Il vient d'ailleurs d'être racheté par Deutz, le grand spécialiste allemand des moteurs diesel marins – c'est, selon moi, le signe avant-coureur du changement qui va s'opérer. La vraie nouveauté pour la plaisance est celle du partage de bateau grâce aux nouvelles applications afin de mutualiser aussi bien le coût écologiquement très important vu son utilisation extrêmement faible, que la place qu'il occupe dans les ports de plaisance toujours plus grands et remplis de bateaux qui ne voient presque jamais la mer.

Quant au transport maritime de personnes ou de marchandises, bien qu'exempté de l'accord de Paris, il a réagi en proposant de lui-même d'en finir avec les fiouls lourds et leur teneur en soufre à 3,5 %, pour la réduire à 0,1 %. C'est encore très polluant, et la compagnie maritime CMA CGM vient de lancer la conception et la fabrication de neuf super-porte-conteneurs (avec une capacité de 13 000 conteneurs de 40 pieds) propulsés au gaz. Le pari est d'abord économique, car le prix du gaz est très bas, notamment celui du gaz de schiste venu des États-Unis. C'est une bataille économique qui va de pair avec l'augmentation de la taille des porte-conteneurs, clé de voûte de la mondialisation (90 % du commerce mondial passe par les bateaux).

F. A. : Mais certains pays ont déjà une longueur d'avance, non ?

A. S. : La Norvège notamment, depuis 2014, a mis en circulation *Ampère*, un ferry tout électrique sur batterie (200 tonnes à vide, pouvant contenir 120 voitures et 360 passagers pour 80 mètres de long et 20 mètres de large) qui parcourt un fjord de 5,6 kilomètres 34 fois par jour à 10 nœuds. Il est déjà rentable économiquement. La Suède, de son côté, va lancer un petit porte-conteneurs tout électrique et autonome, et la Chine vient de mettre à l'eau une barge fluviale sur batterie de très grande dimension. Avec ce type de technologie, on peut immédiatement remotoriser tous les bateaux de transport fluviaux, notamment les bateaux touristiques sur la Seine. Cela commence très doucement avec un nouveau bateau-restaurant à Paris et une remotorisation en électrique sur le canal Saint-Martin.

Concernant les bateaux professionnels de moins de 24 mètres de long (limite technique et seuil réglementaire significatif), nous avons aujourd'hui des solutions écologiques de propulsions à moteurs 100 % électriques couplés au stockage d'énergie sur batteries efficace et économiquement viable. Des techniques d'hybridation et surtout de fabrication de l'énergie électrique à bord, notamment solaire, peuvent répondre, à un coût global inférieur, aux besoins des professionnels de la mer. On achète un bateau pour vingt à trente ans, c'est-à-dire que les navires construits aujourd'hui seront en mer jusqu'en 2050. Pour un pêcheur par exemple, le coût du carburant peut représenter près de la moitié de son chiffre d'affaires. C'est absolument unique, même le transport aérien s'en sort mieux proportionnellement avec des vitesses pourtant proches des 1 000 km/h. Ainsi, le carburant nécessaire pour pêcher un kilo de poissons est d'environ 1 litre de gasoil, mais peut atteindre jusqu'à 3,5 litres dans certains cas (quelques pêcheurs guadeloupéens qui pêchent au large de la Guyane), toujours pour un simple kilo de poisson. C'est totalement ridicule, aberrant écologiquement parlant et bien sûr économiquement voué à l'échec à très court terme.

F. A. : Tu es pourtant très optimiste !

A. S. : Effectivement, car les solutions existent et sont économiquement viables dès aujourd'hui. Il faut donc agir maintenant, et procéder à une rupture technologique majeure dans le nautisme, notamment professionnel.
Le passage de la voile au charbon et du charbon au pétrole s'est fait assez rapidement. Le passage à la propulsion électrique et/ou hybride sera beaucoup plus rapide. La nouveauté, c'est la baisse du coût des batteries venant de l'automobile. L'autre facteur important, c'est l'autonomie liée à l'utilisation réelle des bateaux. En effet, beaucoup de navires n'ont pas besoin d'une très grande autonomie ni d'une importante vitesse de croisière au quotidien. Le soleil et le vent, tous deux abondants en mer, vont permettre de recharger les batteries au cours de la navigation et pendant les arrêts au large, mais également à quai. Du côté des performances, j'ai moi-même été surpris d'atteindre 18,5 nœuds en juillet 2015 lors du premier essai de mon prototype Heliodive 1 200 (12 mètres de long par 6 mètres

TL F34962
100%ELECTRIC

de large, pour un poids de 7 tonnes) propulsé uniquement par deux moteurs électriques de 80 CV (65 kW). De plus, l'accélération est fantastique, nous avons par exemple atteint près de 15 nœuds en seulement 200 mètres dans le port de Monaco avec 40 personnes à bord. Nous avons parcouru presque 100 milles nautiques en 24 heures grâce à nos panneaux solaires et nos batteries (deux fois 38 kWh, soit l'équivalent de deux voitures électriques).
Nos prochains modèles seront beaucoup plus puissants encore avec de nouveaux moteurs de 100 kW et de 200 kW, plus rapides, plus simples, équipés de nouvelles batteries beaucoup plus compactes et légères. Le vrai problème est politique et fiscal : les carburants des professionnels sont largement détaxés ; en revanche, aucune aide ou incitation n'existe pour changer de technologie et remplacer tous ces bateaux qui, en plus d'être des catastrophes écologiques flottantes, sont économiquement non viables.
L'automobile a totalement changé grâce aux réglementations restrictives et aux aides, notamment les primes à la casse, et les bonus/malus, qui ont permis aux industriels d'investir pour proposer des solutions économiquement plus performantes et bien plus écologiques.

F. A. : Difficile de penser que les enjeux écologiques mobiliseront massivement les industriels, mais l'économie s'en chargera...

A. S. : Effectivement, ce n'est probablement pas la prise de conscience écologique qui va faire évoluer du tout-pétrole à la propulsion électrique, mais plutôt les réalités économiques et le bon sens. Mais il ne faudrait pas trop tarder, car la survie notamment des pêcheurs, des bateaux de transport de passagers et des clubs de plongée se joue maintenant.
Les politiques doivent innover et transformer la fiscalité sur les bateaux et les carburants, pour initier cette rupture technologique

et encourager les constructeurs de bateaux électriques et solaires, car c'est dans l'intérêt de la filière nautique française, en termes écologiques, bien sûr, mais aussi d'indépendance énergétique, de technologie et, enfin, d'expérience pour les passagers. Croyez-moi, naviguer sans bruit, sans odeurs, sans fumée, sans vibrations, c'est le bonheur !

-

NICOLAS BOUSQUET

-

INGÉNIEUR EN MATHÉMATIQUE ET DOCTEUR EN STATISTIQUE ET PROBABILITÉ

-

« Quand on pense aux mathématiques appliquées, compter les poissons dans la mer n'est pas la première chose qui viendrait à l'esprit. D'autant que cette tâche est bien moins aisée que compter des moutons dans les prés. Nicolas n'a pas peur de l'immensité des océans, il en a même fait son métier et sa passion : il met la mer en équation. Sa contribution est essentielle pour notre avenir, car elle permet de mieux surveiller les stocks, d'appréhender leurs évolutions et d'aider à la décision politique. Déjà auteur et coauteur d'une quarantaine de publications scientifiques, il nous explique ici avec brio l'intérêt de sa discipline, afin que l'humanité continue à vivre de la mer avec respect et en bonne intelligence. » F. A.

DES POISSONS ET DES ÉQUATIONS

Au début de toute cette histoire, il y a une suite de rencontres improbables. Un appel téléphonique d'un chercheur en écologie marine au nord du Québec. Il avait remarqué qu'un jeune mathématicien tout juste arrivé de France travaillait sur le calcul théorique de la surpêche au sein d'un laboratoire éloigné de la mer. Ce chercheur lui proposa de le rejoindre en pleine tempête hivernale, afin de construire un modèle d'évolution de la population de morues – cela semblait capital. « Tu verras, ce sont des animaux magnifiques, en dépit des racontars ! » L'objectif était d'étudier si les effets cumulés de la pêche, de la prédation et des modifications climatiques allaient permettre un jour le rétablissement de cette espèce emblématique des pêcheries de Terre-Neuve, en chute libre depuis des années.

Sur place, nous nous sommes immédiatement mis au travail (aidés par une bonne bouteille de vin), malgré l'accident de voiture qu'entraîna mon inaptitude navrante à conduire sur la neige. Puis je découvris les sorties en mer, les chalutiers, les icebergs de Saint John's et l'inoubliable accent des pêcheurs locaux. Captivé, je bénis mon nouvel ami de m'avoir entraîné dans cette aventure extravagante.

Celles qui ont suivi m'ont conforté dans l'idée que la fascination éprouvée dès l'enfance pour l'Océan – l'héritage d'un petit-fils de marin, vraisemblablement – pouvait s'accorder au métier que j'avais choisi, en dépit des apparences, et qu'elle me proposait d'entrer dans une grande famille de professionnels de la mer : navigateurs, pêcheurs, biologistes marins, océanographes, halieutes[1], météorologues, tous portés par une passion commune pour cet univers, et familiers de l'art et de la littérature qui l'esquissent. L'origine de ces femmes et de ces hommes est multiple : les légendes marines nourrissent l'imaginaire de toutes les cultures, et même ceux qui n'ont jamais vu la mer connaissent au moins un mythe qui s'y rapporte.

Ainsi, je me trouvais là, coincé dans un long zodiac, quelque part sur le Saint-Laurent, accompagnant des étudiants venus marquer des phoques gris et prenant ma part du travail – guetter les museaux sortis de l'eau, prévoir le lieu de la remontée, saisir l'animal sorti du filet, attendre la pesée, la biopsie, la prise de sang, marquer l'animal qui se débat. Je me trouvais là aussi, sur un thonier senneur au port de Victoria, capitale des Seychelles, assistant au débarquement de milliers d'albacores et de listao, longs ovales argentés raidis dans la saumure froide, emportés par des tapis roulants sous les exclamations de saisonniers colossaux, happés par des crochets et des grues qui les enfournaient dans les chariots de la plus grande conserverie du monde.

Chaque fois, je quittais mon laboratoire et savourais ma fortune d'être parmi eux, ces gens *du terrain*. Il avait fallu travailler pour les convaincre de l'intérêt de ma présence, leur expliquer le principe de mes équations, préciser sur quelles hypothèses

1. Les sciences halieutiques traitent de l'évolution et l'exploitation des ressources vivantes aquatiques ; on peut la définir comme l'« agronomie de la mer ».

IPIMAR

elles s'établissaient, intégrer leur expertise personnelle dans l'affinage de ces hypothèses, exposer les parallèles et amalgames nécessaires au travail de modélisation mathématique[2]. Et en utilisant les probabilités et les statistiques, tracer des résultats de simulation qui indiquaient notre capacité à reproduire une partie de leurs observations : vérifiait-on que ces modèles s'accordaient bien à la décroissance des populations d'animaux, observée au cours des campagnes de pêche ? Que les prévisions des stocks de petits poissons rejetés car non commercialisables, et celles des prises accessoires, étaient bien cohérentes avec le contenu des *logbooks*, ces livres de bord devenus obligatoires pour l'ensemble des pêcheries mondiales ?

Ces travaux n'allaient-ils pas conclure à une surpêche exagérée, puis à des conseils de moratoire trop prudents, pouvant eux-mêmes engendrer des problèmes socio-économiques ? Les années 1990-2000 ont été dévastatrices : le cumul soupçonné des effets de la surpêche et de phénomènes d'oscillation climatique a mis sur la paille de nombreuses pêcheries traditionnelles et industrielles, et provoqué de vives tensions de marché. Le développement de l'aquaculture intensive s'est accompagné de maladies et d'une défiance croissante des consommateurs de pays développés. De vastes campagnes de prise de conscience ont abouti, depuis les années 2000, à la création d'aires marines protégées de grande ampleur, dans l'Antarctique ou l'océan Indien[3]. Pour autant, environ 55 % de la surface des océans[4] reste sillonnée par les pêcheries industrielles, tant le besoin

---

2. C'est-à-dire des ensembles d'équations proposant une vision mécaniste d'un phénomène, telles la reproduction (le nombre d'œufs) ou la croissance d'un individu.
3. « CCAMLR to create world's largest Marine Protected Area », *News release from the Commission for the Conservation of Antarctic Marine Living Resources*, 22 février 2017 ; E. Zachos, « Ocean refuge the size of Great Britain announced », *National Geographic*, février 2018.
4. Environ 200 millions de kilomètres carrés, soit plus de quatre fois la surface des terres agricoles exploitées ; voir D. A. Kroodsma *et al.*, « Tracking the global footprint of fisheries », *Science*, 2018, n° 359, p. 904-908.

de ressources est important[5]. Mesurant l'intense pression de l'exploitation humaine, calculant l'étendue des stocks et la valeur en tonnage de points de référence biologique – qui définissent les quotas –, des modèles mathématiques tentent d'expliquer le comportement des populations au sein de leur écosystème, lui-même soumis à des processus évolutifs (changement climatique, pollution, acidification des eaux, etc.).

Les mathématiciens, usuellement, acceptent le risque de se couper de la réalité quotidienne, tant ce métier peut stimuler l'intellect. Mais la gestion durable des espaces naturels est un problème qui ne se traite pas seul. L'acte violent qui consiste à arracher à la nature des ressources – que ce soit pour les dénombrer ou pour les exploiter – implique un nombre tel d'acteurs qu'il paraît vain de ne pas tenir compte de leurs connaissances. Cela signifie édifier des modèles écosystémiques de plus en plus vastes, s'intéresser au comportement individuel des animaux, à leur place dans le réseau trophique[6], tenter de comprendre les trajectoires et les migrations. En définitive, tenir compte des connaissances empiriques sur les situations et les hommes – telle la psychologie opportuniste de certains patrons de pêche. Choisir l'Océan comme objet d'étude, pour ces raisons intimes qui poussent à voyager, pour ces causes philosophiques, culturelles, scientifiques qui étoffent une vie, il me semble que c'est expérimenter de multiples rencontres, s'obliger à l'ouverture, parfois à la déception d'un travail intellectuel infructueux. S'inventer comme un découvreur métamorphosant les rêveries de l'enfance en une conscience adulte de son environnement et de l'urgence de sa préservation. Si, entre passionnés, les occasions d'apprendre sont nombreuses, celles d'instruire – et parfois,

---

5. Tels les *poissons fourrages*, destinés justement à nourrir les poissons carnassiers cultivés dans les fermes aquacoles ; voir T. E. Essington *et al.*, « Fishing amplifies forage fish population collapses », *Proceedings of the National Academy of Sciences USA*, 2015, n° 112, p. 6648-6652.
6. Un réseau trophique est formé de chaînes alimentaires connectées au sein d'un écosystème, où transitent énergie et biomasse.

de faire rêver aux périples de Jack London ou aux expéditions Cousteau – ne le sont pas moins !

COMPRENDRE L'INCERTITUDE OCÉANIQUE

Même fondés sur une somme encyclopédique de connaissances, les modèles mathématisés peuvent aisément donner l'impression que le monde est maîtrisé au travers d'équations déterministes. Une équation n'est jamais que l'écriture symbolique de la transformation d'une quantité en une autre quantité, et le caractère déterministe de cette transformation peut se résumer de la façon suivante : la même cause génère la même conséquence. Les équations de physique des fluides (Navier-Stokes) décrivent ainsi le mouvement des fluides dit newtoniens (la plupart des liquides et des gaz), en se fondant sur un principe de conservation de la quantité de mouvement. Ce principe de causalité déterministe, formellement affirmé par Laplace, est à la fois rassurant, par son caractère simplificateur, et angoissant, tant il mène rapidement à entrevoir le fonctionnement du monde comme prévisible.

Toutefois, cette vision du monde se retrouve rapidement battue en brèche dès qu'il s'agit d'expérimenter le monde *concret* : prévoir parfaitement le comportement d'une crue afin de bâtir des digues de protection ou de dimensionner des hydroliennes fluviales nécessiterait de prouver que les équations de Navier-Stokes représentent réellement cet écoulement, et que l'on soit capable de prouver l'existence et d'exhiber des solutions rigoureuses à ces équations. Démontrer l'un comme l'autre reste un des problèmes non résolus, et l'utilisation pratique de ces équations nécessite encore de nombreuses approximations, partiellement satisfaisantes.

Au-delà de ce cas emblématique, l'utilisation d'équations interroge la notion même de *réalité atteignable par le calcul*. Si l'on peut prouver que certaines équations n'admettent pas de solution explicite, il est aussi possible de prouver que certains mécanismes déterministes n'aboutissent pas à un comportement prévisible. Il faut donc considérer tout système mathématisé de modélisation du monde avec une grande circonspection, l'interroger sans cesse, et caractériser l'incertitude qui l'imprègne. Parce que la somme d'équations proposant des représentations du monde est forcément finie, et qu'il est aujourd'hui inconcevable de ne pas utiliser la puissance informatique pour simuler le monde, l'incertitude qui nous est accessible est dépendante de ces mêmes outils. C'est là que le métier de mathématicien révèle l'une de ses utilités : comment caractériser la *réelle* incertitude qui entoure nos choix de représentation, et comment la modéliser (c'est-à-dire l'*approximer*) pour produire des représentations exploitables, qui aboutissent par exemple à une simulation de l'évolution de la biomasse océanique sous des contraintes d'exploitation et de forçages environnementaux ? Deux types d'incertitude semblent en permanence se distinguer ou se confondre : l'incertitude dite *épistémique*, qui se réduit grâce à l'apport de connaissances, et celle qui est (ou qui, du moins, semble) intrinsèque à un phénomène naturel. Celle-là est volontiers qualifiée d'*aléatoire*. Tout le monde a déjà observé un comportement mimant l'aléatoire (celui des boules du loto, par exemple), et il est notoire que la théorie des probabilités constitue l'ensemble de règles utiles pour manier des quantités aléatoires. Ce que l'on sait moins, c'est que la notion d'aléatoire est indépendante de cette théorie mathématique et qu'il en existe une définition purement informatique[7] : est aléatoire une suite de symboles (chiffres, lettres, etc.), produite par un programme et formant un message dont l'information n'est pas compressible. Autrement dit, il ne nous est pas possible de connaître (c'est-à-dire de *calculer*) l'élément suivant de la suite.

7. Dont la définition reste encore aujourd'hui non consensuelle.

La notion d'aléatoire est donc dépendante de ce que l'on nomme « programme ». Nos ordinateurs sont conçus afin de calculer une approximation de ce nouvel élément, en se fondant sur la théorie des probabilités. Nous n'avons donc guère le choix : si nous voulons représenter un phénomène incertain par essence, limités par nos outils, il nous faut utiliser les probabilités.
Concernant la première forme d'incertitude, celle-ci décroît progressivement par l'amélioration des modèles ; or ces derniers sont soumis aux mêmes limites épistémologiques. Un modèle exploitable ne peut représenter, dans le meilleur des cas, que ce qui est calculable[8]. Le caractère incalculable de l'incertitude épistémique nécessite, pour l'approximer numériquement, d'user encore de la notion d'aléatoire.
Finalement, notre meilleure représentation calculable de l'incertain est aujourd'hui celle d'un univers probabilisé. Dans le contexte particulier des modèles d'océan et des modèles écosystémiques, cette théorie mathématique semble donc notre meilleure alliée pour intégrer, dans nos calculs, notre profonde méconnaissance du monde. Les approches statistiques fournissent des outils pour valider ou invalider (au moins partiellement) les modèles, en estimant leurs paramètres inconnus – tels le taux de reproduction d'une espèce marine – à partir des données de terrain, d'expériences en laboratoire et de l'expertise humaine.

COMMENT MODÉLISER L'OCÉAN ?

En s'attaquant à ces problèmes complexes, le mathématicien émet des hypothèses à partir d'associations. Voici un exemple d'association à laquelle j'ai beaucoup eu recours durant mes travaux, et que j'ai souvent expliquée à des élèves de collège et lycée :

8. C'est-à-dire un comportement qui peut être décrit comme un algorithme (thèse de Church-Turing).

À quelle abstraction simple peut-on comparer le fait de tirer des ressources d'un océan dont le contenu nous reste encore en partie inconnu ? Peut-être celle de l'urne est-elle la plus intelligible. Dans une urne opaque sont placées des billes de différentes couleurs – ou des individus de différentes espèces. En supposant qu'un prélèvement soit effectué au hasard, puis un autre, puis encore un autre, ne peut-on pas émettre un raisonnement formalisable qui permettrait de calculer le nombre de billes par couleur – ou la population de chaque espèce ? Ce raisonnement dit *de Polya* est enseigné avant la terminale et fait appel à des notions de probabilité relativement simples.
Bien sûr, il ne reflète pas strictement la réalité. L'opacité de l'urne tend à s'atténuer – la pêche commerciale usant des moyens les plus modernes pour prévoir la réussite du prochain coup de filet et limiter l'influence du hasard. L'urne peut contenir une quantité certainement finie de billes, mais chaque bille représente une sous-population plutôt qu'un individu. Le nombre de billes diminue à chaque prélèvement, mais d'autres sont mises dans l'urne – issues de la reproduction des individus. Ce type de modèle est simulable et accessible à l'estimation statistique.

APPROXIMER L'OCÉAN

Nous tentons donc d'approximer l'Océan, en sachant bien que toute tentative déterministe de modélisation des ressources reste très précaire. Pourtant, la notion de « rendement maximal durable » (*maximum sustainable yield,* ou MSY), qui constitue depuis 2002 la clé de voûte de la politique mondiale de gestion des ressources naturelles[9], reste fondamentalement comprise comme une notion déterministe. Elle définit le MSY comme

---

9. « Déclaration de Johannesburg sur le développement durable », *in* Nations unies, *Rapport du Sommet mondial sur le développement durable*, 26 août-4 septembre 2002.

la quantité de ressource maximale prélevée telle que la population, par le jeu de la reproduction et en dépit d'autres influences (mort naturelle, prédation), reste stable. La stabilité a donc été interprétée comme le fait qu'un modèle reproduisant l'évolution d'une population, et incorporant donc un ou plusieurs paramètres liés à ce que l'on nomme techniquement *extraction* (la pêche, la chasse, etc.), soit optimisé en ces paramètres de façon à ce que la population à l'instant $t+1$ reste similaire à celle à l'instant t. Cette caractérisation implique de définir à son tour ce qu'on entend par similarité. Celle-ci suppose un cadre dit *stationnaire* pour l'évolution de cette population, c'est-à-dire un cadre théorique où les forçages océaniques (la température de l'eau, la force des courants, etc.) ne varient pas, ou peu. Sous ces hypothèses, déjà très fortes, la similarité peut être grossièrement perçue comme une égalité pure et simple, aux erreurs d'estimation statistique près. Des modèles simples, appelés *surplus-production*, sont utilisés lorsque de faibles connaissances sont exploitables – c'est-à-dire lorsque notre incertitude épistémique reste très élevée. Cela concerne par exemple de nombreuses espèces pour lesquelles la répartition par âge est difficile à appréhender, et dont l'abondance reste très délicate à mesurer (tels quelques mammifères marins, comme les grands cétacés, ou certaines espèces de requins). Notre faible connaissance est aussi liée au fait que certaines de ces études ne sont pas assez financées : les pêcheries de pays en voie de développement ne peuvent se permettre de lancer de grandes campagnes de prélèvement scientifique. Les pêcheries traditionnelles, artisanales, subissent donc une double peine : d'une part, elles font face à la concurrence féroce des pêcheries industrielles ; d'autre part, elles subissent les répercussions locales d'une erreur sur le calcul de la gestion optimale des pêches[10].

10. Sans oublier d'importantes distorsions de marché pouvant être imputées à de fausses déclarations et des surpêches organisées ; voir Kroodsma et *al.*, art. cit., 2018.

Un MSY déterministe, produit par ces types de modèle, est donc très fragile. En tant que scientifique, je me suis attaqué à une définition probabiliste de ce MSY, pour un modèle classique, en incluant les effets cumulés de l'incertitude épistémique (reflétant la simplicité du modèle vis-à-vis du phénomène réel) et de l'incertitude aléatoire, tout en veillant à proposer un calcul relativement aisé. La notion de stationnarité qui y est reliée doit être comprise ainsi : la distribution de probabilité d'une biomasse reste stable au cours du temps. Cela veut dire que la valeur réelle (mais inconnue) de la biomasse peut évoluer de façon imprévisible, d'une année sur l'autre, mais se répartit selon un schéma stable dans le temps, schéma qui, lui, peut être identifié.

Ces résultats montrent que le MSY déterministe est grandement surévalué, et que les politiques qui pourraient en découler mèneraient fréquemment à l'extinction. L'approche que j'ai proposée s'est depuis essaimée à d'autres modèles simples. Mais, au-delà, ce résultat suscite l'envie d'explorer d'autres modèles moins imparfaits, plus aptes à représenter le comportement réel des biomasses océaniques.

En effet, la stationnarité probabiliste ne semble pas caractériser réellement le comportement des populations exploitées (ou non). Il suffit de s'intéresser à la plus grande pêcherie mondiale, celle des anchois et des sardines du courant de Humboldt, baignant les côtes chiliennes et péruviennes, pour s'en rendre compte. Les périodes de disette succèdent aux périodes poissonneuses, sous l'influence concurrente d'un *upwelling* très important (des remontées d'eau froide, profonde et riche en nutriments, engendrées par le vent marin) et du phénomène climatique *El Niño*, né d'une anomalie dans la circulation atmosphérique entre l'Indonésie et l'Amérique du Sud.

Le MSY apparaît rapidement comme un vœu pieux, résultant d'une lecture trop simplificatrice du monde, et de nombreux scientifiques se sont élevés, depuis une quinzaine d'années, contre l'usage de ce point de référence. Diverses définitions alternatives ont éclos, qui cherchent à prendre en compte l'effet de ces incertitudes. Surtout, la gestion écosystémique des pêches est à présent privilégiée par la plupart des instituts de recherche. Est durable ce qui permet à l'écosystème (et non plus seulement une espèce-cible) de se perpétuer, le périmètre de celui-ci intégrant un nombre d'acteurs toujours plus important (biotope, ressources, prises accessoires, flottilles, acteurs socio-économiques...) et des sous-modèles d'évolution de ces acteurs de plus en plus raffinés. Ainsi, les modèles dits *end-to-end* visent à expliciter l'ensemble de la dynamique d'un réseau trophique (du phytoplancton aux prédateurs supérieurs). Cet axe d'étude est en pleine expansion, qui offre à des scientifiques de toute nature – dont des mathématiciens, bien entendu – de nombreux problèmes à résoudre et de nouvelles solutions de gestion à imaginer.

UNE SCIENCE NOUVELLE AU SERVICE DE LA GESTION DURABLE DES OCÉANS ?

Une de ces solutions pourrait-elle venir des formidables avancées technologiques que nous connaissons actuellement ? L'époque impose de réfléchir sur ce qu'on connaît mal en termes de corrélation, plutôt qu'en termes de causalité : c'est le principe fondateur de la discipline scientifique nommée nouvelle intelligence artificielle (IA), ou IA connexionniste. En extrayant des liens entre des données[11], témoignant de mécanismes encore flous, les outils d'IA servent à diminuer notre incertitude épistémique

11. Appliquées aux phénomènes naturels, il s'agit surtout de mesures expérimentales, réalisées sur le terrain *via* des balises, des satellites, etc. Ce sont ces types d'outils qui permettent de reproduire le comportement des bateaux à partir des données produites par leurs systèmes d'identification automatique (Kroodsma *et al.*, art. cit., 2018).

et proposer des diagnostics de plus en plus fins sur le monde. Ils ne peuvent faire l'économie de fournir des diagnostics intelligibles, interprétables par les acteurs de l'écosystème (aussi bien les pêcheurs que les décideurs politiques), mais jouent peu ou prou le même rôle que les expérimentations empiriques des premiers physiciens : faire émerger de l'information cachée, guider la science en proposant des pistes à explorer et guider de futures démonstrations.

Cependant, nous ne sommes qu'aux prémices du développement d'outils d'IA capables de suivre le comportement d'une ressource marine. L'Océan se dérobe encore à nous. Nous expérimentons à chaque instant la possibilité de détecter beaucoup, de percevoir de plus en plus, jusqu'à l'excès. Nous pouvons suivre des animaux terrestres marqués, étudier leur comportement en temps réel, parcourir virtuellement les veines minérales de Mars et reconstituer les débits de ses anciens cours d'eau. L'automatisation croissante des outils de traitement des images, de compréhension du langage écrit ou parlé, l'immédiateté des liaisons entre les êtres, les choses et les lieux sont en eux-mêmes devenus constitutifs de notre nature, un état d'information permanent, presque un nouveau sens. À l'image du toucher, de la vue ou de l'ouïe, ce sens technologique nous instruit sur le monde et permet son usage.

Mais rien ne nous semble parler en direct de la vie marine et de ses cataclysmes silencieux. Les principaux messages que nous recevons viennent encore des arpenteurs marins, des balises et des satellites. Il faut du temps, des moyens, des compétences et de la modestie pour tenter d'interpréter ce qui se trame dans les océans. Cette persistante limitation de nos sens nous irrite et paraît nous défier. Pourquoi n'existe-t-il pas encore un Google Earth des abysses, alors qu'il existe déjà un Google Mars ?

UN PARI

Face à tant de complexité, la fascination que j'éprouve pour le monde océanique n'en est que plus forte. À dire vrai, constater que l'Océan résiste encore un peu à la tyrannie de la commodité me rassure sur les vertus de coopération nécessaires à son étude. Une part de cette fascination s'évanouirait s'il s'avérait nécessaire de marquer des animaux par des logos de grandes entreprises technologiques, en contrepartie d'une aide financière visant à les barder de capteurs pour mieux comprendre la vie marine.

Je fais cependant le pari que, dans les prochaines années, certains bienfaits technologiques nous permettront de mieux comprendre et protéger les océans. Qu'ils resteront d'indispensables horizons pour de nombreuses civilisations, de magnifiques et permanents objets d'étude, des vecteurs d'interrogation et de rêve, des réfutateurs permanents de théories trop rigides.

L'ensemble de nos inconnues est de loin supérieur à l'ensemble de nos connaissances, et s'intéresser à l'Océan revient à accepter d'être persévérant, tant la déception de n'y rien comprendre peut être forte. Il s'agit de respecter les mers pour ce qu'elles sont : aussi bien des sources d'inspiration que des cathédrales culturelles ; des axes de développement stratégiques tout autant que des lieux fragiles, changeants, dont la survie rappelle la nécessité, en termes d'exploitation, d'adopter une démarche d'espèce plutôt qu'une démarche individuelle.

Dans cette perspective cent fois recommencée de découvrir et participer, à mon échelle, si modeste soit-elle, à la préservation des océans, je songe déjà au prochain voyage. À la truelle du vent marin sur le visage, et aux futures amitiés nées d'un coup de téléphone.

REMERCIEMENTS

Je tiens à remercier Erik Berg, rédacteur en chef de *Thalassa*, pour sa confiance.
Un grand merci à tous les contributeurs et amis qui ont apporté le meilleur d'eux-mêmes dans cet ouvrage collectif.
Enfin, merci à mon éditrice, Émilie Barian, pour m'avoir soutenue jusqu'à la naissance de ce manifeste.

CRÉDITS PHOTOS

p. 9 : © Astrid di Crollalanza ; p. 15 : © Arnaud/Adobe Stock ; p. 19 : © David Martin ; p. 27 : © Paulo de Oliveira/Biosphoto ; p. 32 : © Denis Lagrange.

p. 37 : © Arnaud Bouissou/Terra ; p. 40 : © Claude Nuridsany & Maria Perennou/SPL-Science Photo Library/Biosphoto.

p. 45 : © Eric Lindstrom ; p. 49 : © SSPL-Science & Society Picture Library/Science Museum/Biophoto ; p. 53 : © Brett Longworth.

p. 57 et 60 : © Kanaloa Nature & Films.

p. 63 : Vincent Curutchet /MACIF ; p. 68 : Jean-Marie Liot / ALEA / MACIF.

p. 71, 75 et 83 : © Virginie Galdemar.

p. 87 et 91 : © The Cousteau Society.

p. 93 : DR ; p. 98 : © Jean Cassou/Biosphoto.

p. 105 : © Agathe Cagé ; p. 107 : © Robertharding/Fraser Hall/ Photononstop ; p. 111 : © Ian Schemper/Omega.

p. 115 : © Stephane de Bourgies ; p. 118 et 121 : © Aurélie Sartres.

p. 123 : © A. Depoux ; p. 126 : © Stéphanie Rabemiafara/Art in All of Us/Corbis News/Getty Images.

p. 133 : © Emma Huette ; p. 137 : © Simon Rondeau.

p. 141 : © Christophe Hulin ; p. 144 : © Vincent Lecomte/ Gamma-Rapho ; p. 149 : © Marius Vågenes VILLANGER/ Kystvakten /Sjøforsvaret /NTB Scanpix /AFP.

p. 153 : © Yann Rossignol/Ville de Courbevoie ; p. 164 : © François Paris Moteur Boat.

p. 167 : © Gwenaël Beauplet ; p. 170 : © Paulo de Oliveira/ Biosphoto.

NORD COMPO
multimédia

Composition et mise en pages
Nord Compo à Villeneuve-d'Ascq

ISBN : 978-2-7467-4754-8
Dépôt légal : octobre 2018
N° d'édition : L.69EHAN001114.N001

Achevé d'imprimer par Corlet Imprimeur — 14110 Condé-en-Normandie
N° d'imprimeur : 198932 — *Imprimé en France*